话说九章

田广御春秋

余逸舟 著

浙江教育出版社 · 杭州

数学是我国人民
所擅長的学科

华罗庚语句

乙未 王元

序

斗胆阿牛（余逸舟），大话九章；图文相映，趣说生辉；心起涟漪，难以释怀；疑义相析，企望新篇。这是我读《话说九章》丛书的感想。以下则是我对作者“话说九章”工作的思考，分两部分谈一谈。

一

《九章算术》是生生不息之中华瑰宝！这部中国原创的数学书，自公元前1世纪左右竹书成典至19世纪末，从未停止过传播与应用，对国家统一、江山社稷、工商百业、生活起居有须臾不离的作用，是中华大地养育的智慧之果，是中华文明传承的特有基因。

中国17世纪之前的数学典籍流传至今的，约有60余种，其中多数是对《九章算术》的注、释、详解或编、纂、修订，其他数学著述大多以该书为范本样例。

以《九章算术》带动的数学研究在中国从来都是国之大事，研究成果被格外重视。今出土的东汉光和二年（179年）的一个度量衡器上刻有铭文“依黄钟律历、《九章算术》以均长短、轻重、大小，用齐七政，令海内都同”。当时的君王诏令，凡度量衡研制涉及的数学问题，要以该书的算法为依据。

中国历史上，数学书的抄录出版属于国家行为。刘徽于公元263年注释《九章算术》时曾在纸上绘画图形，而造纸术发明家蔡伦是东汉位列九卿的官员，于公元121年去世。刘徽研究数学用上了发明不久的珍贵的纸张，说明数学的科研条件很先进，这一传统得到了延续。11世纪，毕昇（？—约1051年）发明了活字印刷术。之后，北宋元丰七年（1084年），政府印刷了《九章算术》等数学著作，改变了数学文献长期都是纸抄本的现象。这是世界上最早的印刷本数学文献。新技术一产生就用于数学的研究和传播，说明当时的朝廷与君王对数学的作用有较为充分的认识。

如今能够看到的19世纪以前的《九章算术》著作，有竹简本、手抄本、木刻本、活字本、石印本等，这些实物直接佐证了上述所言。

二

《九章算术》曾是持续了两千多年的熙攘觅宝之域，如今却成了人迹罕至之地。缘何如此，众说纷纭，暂且不议。当务之急是设法让大家能够看懂并喜欢这部数学宝典。目前最大的障碍是：读这本书，词生句不懂。大家习惯了现今的数学表达，读古算书时会感觉佶屈聱牙不顺口、概念不清难入门。数学本是烧脑之学，再用言简意赅的文言文叙述，简直是两重障碍啊！虽有专家的白话文译著及注释在前，但若非《九章算术》语境中人，很难理解书中所言，连“方田”“粟米”“衰分”“少广”“商功”“均输”“盈不足”“方程”“勾股”这九章之名，都难以明白其数学之意，与现今的数学概念表达语言迥然相异。

以《论语》《战国策》等典籍为骨架的故事书、图画书有很多，为众多不熟悉文言文的读者读史提供了便利，广受欢迎。但从未见过有谁将《九章算术》编成故事书、小人书来讲中国古代数学的故事，将某一个公式、某一种算法、某一数学思想的形成及发生过程用有趣的语言或方法表现出来，使读者如入其境，成为书中语境中人，亲历书中所述问题情境。这项工作真不容易，起码要懂古文、懂数学、懂中国数学史、懂教育、懂文学创作、懂中国历史，有这“六懂”才行；另外，更重要的是要将《九章算术》的形成历史挖掘出来，将《九章算术》的佚名作者的奇思妙想挖掘出来。即便有了这“六懂二挖”还是不够，还要胆大，敢于做这项传承中华文明基因的大活。

幸甚至哉！阿牛出场了，阿牛敢话九章，阿牛愿利用图文讲述九章的数学思想和算法的形成过程，把过程写成故事，引入人们熟知的历史名人来扮演数学史中的人物。这个活，难度大不说，注定会有不成熟、不合意、令人不满意之处。但总算有阿牛先开犁耕耘了，还怕来日不硕果累累？阅读阿牛的书稿后，感觉这就是童话版的《九章算术》。关于《九章算术》的故事可以编下去、说下去，相信大家会喜欢的！看明白了、理解了，就能融于心，数学基因也就得到了延续，令人期待啊！

阿牛，继续努力啊！坚持“六懂”“二挖”“一大胆”，一定要将中国古代数学故事讲下去。

方运加　于首都师范大学

2020年春

前 言

从今天起，阿牛叔叔给大家讲一讲《九章算术》中的故事。

我讲的《九章算术》，属于超级通俗易懂版的哦！

我希望大家回到家里，随手翻起这本故事书的时候，似乎看到阿牛叔叔正坐在你的对面向你娓娓道来……

说起《九章算术》，简直是无人不晓，这是悠久的中华历史文化中浓墨重彩的一笔，是中国古代科技文化的瑰宝。但大部分人也就仅限于“知道”，没多少人真的读过，读完的更少，读完还能说点儿啥的，那这人的综合文化素养真是有点深厚。

为什么这部中国数学的经典著作少有人问津呢？明摆着的事儿，因为讲的是“数学”，在这个世界上，认为没有数学就没有烦恼的人不在少数，好家伙，还是古文的，那就基本“给跪了”（古人曰：膝行而前，莫敢仰视）。

各位，不怕哦！有阿牛叔叔呢！我会带着大家，一同穿越古今，游历这一数学殿堂。走起——

我们先来一场穿越，先去哪儿呢？总该回到《九章算术》最初写成的时代，找到作者吧？令人遗憾的是，这本书最初的成书年代已无法考证，原作者是谁也已无人知晓。虽然，汉朝北平侯张苍、大司农中丞耿寿昌、魏晋数学家刘徽都对《九章算术》的辑撰和校注做出了巨大的贡献，不过，他们都不是原作者，原作者已经不可考证。这可怎么办呢？没关系，灿烂的历史文明往往由许许多多的创造者缔造，他们是谁？叫什么名字？从何而来？很多创造者都不为人们所知，但历史不能磨灭他们的贡献，他们的智慧在历史长河中熠熠生辉！

大家也别着急，历史总会为我们留下一些蛛丝马迹。刘徽在其注本《九章算术》序中说道："按周公制礼而有九数，九数之流，则九章是矣。""九数"是啥？就是九类问题的计算方法，它们分别是方田、粟米、差分、少广、商功、均输、方程、盈不足、旁要。这不是和《九章算术》的九个章节差不多吗？除了最后一个"旁要"不一样（"今九章以勾股替旁要，则旁要勾股之类也"），八九不离十啊！可见，周朝与《九章算术》颇有渊源。

谢谢刘徽先生为我们提供线索！一位中国古代杰出的数学家，研究并解读《九章算术》的人。他的另一部著作《海岛算经》，为汉、唐一千多年间的十部著名的数学著作——“算经十书”之一。

周朝，特别是西周（距今约三千多年），是我国古代文化最为灿烂的时期之一。在那个时代，能走进课堂学习数学，各位，那可是了不得的事儿啊！为什么这么说呢？因为这根本不是普通人家的孩子去得了的课堂。

《周礼·地官司徒·保氏》中说道：“养国子以道，乃教之六艺：一曰五礼，二曰六乐，三曰五射，四曰五驭，五曰六书，六曰九数。”（“周礼”是周朝的礼乐制度，相传是由周朝的开国元勋周公旦主持制定的一套以宗法等级为中心的典章制度)“国子”是什么呢？那都是贵族子弟，世袭制的王公、诸侯、官员家的孩子。“六艺”之中，前四个是大艺，后两个是小艺，小艺是基础课，“六书”与“九数”是西周“小学”教育的重点。

周朝时期，思想界、学术界诸子林立，百家争鸣，为数学和科学技术的发展创造了良好的条件。同时，人们通过田地及国土面积的测量、粟米的

交换、收获及战利品的分配、城池的修建、水利工程的设计、赋税的合理负担、产量的计算以及测高望远等生产生活实践，积累了大量的数学知识。

那咱们能不能把他们的数学书，也就是讲“九数”的书拿来看看呢？阿牛叔叔要和你说抱歉了，因为……因为我找不到啊。有人一定会问，西周不是我国古代文化最为灿烂的时期之一吗？怎么这个时期的数学书都不见了呢？是啊，数学书呢？……

熟悉历史的朋友们都知道，周朝之后中国出现了第一个称皇帝的君主——秦始皇，他干了一件缺德的事——焚书！按理说，结束了列国纷争，首次建立了中央集权的封建帝国，本应该有利于数学的发展。他倒好，一把火，把书烧了！《史记·儒林列传》中说道：“及至秦之季世，焚诗书，坑术士，六艺从此缺焉。”“六艺”烧了，“九数”也不能幸免。

到了西汉时期，两位中国数学史上重要的人物——北平侯张苍和大司农中丞耿寿昌闪亮登场。他们对先秦散落的“九数”重新进行辑纂和校注，其成果便是光耀千古的《九章算术》！

虽然，我们不能看到先秦文明中有关“九数”的原本了，但是这个遗憾却被《九章算术》所展现的耀眼的光辉所弥补。不仅是弥补，那光芒更是跨越东西方广阔的空间，穿越了古今几千年的文明！

那么，如果能在大汉朝的学校课堂学习《九章算术》，这感觉一定很不错吧！

这又是怎样的一种课堂呢？

简单地聊一聊汉代的学校吧。汉武帝时候起，国都长安有了全国最高大上的学府——太学。注意啊，是“太”不是“大”。西汉的时候，太学的学生称为“博士弟子”，汉武帝时，博士弟子总共只有50人；到东汉的时候，他们被称为“太学生”，最鼎盛时期，太学生有3万人，连匈奴王族也把子弟送到长安学习。太学主要教授儒家经典，太学生中的优秀者于“五经”（《诗》《书》《礼》《易》《春秋》）之外，还学习历法、算学等。

汉朝的时候，除了官办的学府，私学也极为盛行。私学，用今天的话说就是私立学校、民办学校。它可不是现代社会才有的，早在春秋时期就出现了，最有名的校长兼老师你知道是谁吗？当然是孔子啦！私学作为一种重要的办学模式在秦朝一度被禁，在汉朝得到了很大的发展，分为“坐馆”和“家馆”两种。用今天的话说，坐馆就是培训学校，家馆就是家教。私学之中也学算学，而算学的基本教材就是《九章算术》。

神游古代的数学课堂，你是否心生向往呢？

而今天，阿牛叔叔不怕贻笑大方，效仿前贤，为大家讲《九章算术》，希望能带大家领略数学殿堂的不朽之美。

MULU

目录

田

分道扬镳

齐僖公三十三年（公元前698年），齐国乐安（今山东广饶）郊外，北海（渤海古称）岸边。海风习习，潮来汐往。

两位布衣青年伫立在海岸岩礁的尽头，耳旁不断袭来海浪拍打岩石的哗哗声。看着海浪激起几尺高的洁白水花，二人沉默不语，谁都不知道他们陷入了怎样的思索之中，只有海风不断撩拔着他们宽大的衣袖。

“鲍叔，”其中的一位年轻人说道，“我想好了，咱们分道扬镳吧！”

“什么？分道扬镳？！夷吾，你这是怎么想的？”被称为“鲍叔”的这位青年颇为诧异，惊奇地问道。

夷吾笑了，朝着鲍叔招招手，示意一起退到离海岸远一点的安静之处。

“夷吾，我就想不明白了，好好的，为什么我二人要分道扬镳？难道你我志不同、道不合吗？”鲍叔边走边说，不解之意溢于言表，而身边的夷吾则笑而不语。

片刻后两人来到岩礁外的一处土坡之下，此处背风，耳边顿时少了海浪拍岸声的嘈杂。夷吾率先找了一处干净的沙地坐了下来，鲍叔挨着他，一撩深衣[1]的边缘，也坐下了。

“说吧，什么意思？”这会儿的鲍叔不仅满腹狐疑，还颇为生气。是啊，这叫什么朋友嘛，居然说，咱们拉倒吧，再见啊！这叫什么事儿？

“鲍叔，鲍叔，莫要生气呀，”这位夷吾倒是和颜悦色，一点儿都看不出要和鲍叔绝交的样子，“我何时说过我们志不同道不合了？相反，我管夷吾此生最好的朋友就是你——鲍叔牙！今后，我们不仅是挚友，还会是治国安邦、辅佐君上的一代名相！”

鲍叔也笑了，没错，这才是两人这么多年以来一直怀揣着的梦想和抱负。

“一直以来，你总是照顾我，我们合伙做生意的时候，你从不斤斤计较，宁愿自己吃亏也要让我多点收入。呵呵，结果呢，认识我们的人呀，都说我夷吾是个好占便宜的家伙，总是欺负你鲍叔，哈哈。

“其实，我发现我们俩，特别是我，根本不是做生意的料啊！你和我合伙做的几笔买卖都让我给搞砸了。

①深衣：中国先秦时期开始流行的一种服饰，是中国古代最早的服装之一，上衣下裳在腰处缝合为一体。深衣的边缘称为“纯”。（详阅《礼记·深衣》）

结果，我依旧是个穷人，你比我也好不到哪儿去。”夷吾说道。

“夷吾何出此言。这些年的交往，让我深知，你是一个贤德之人，更有治国平天下的才能。我两人是颍（yǐng）上同乡，我姒（sì）姓和你姬姓世代通婚，姬姓管氏乃周穆王之后，姒姓先祖是大禹。你我皆是胸怀天下之人，又何须介意市井之人的闲言碎语而以为意？”鲍叔不禁动容。

说到此处，夷吾腾地站起来，说道：“不错，依靠自身努力成就不朽的功业！内守国财而外因天下，把我们的聪明才智用于整个齐国，让百姓安定，让国家富足。鲍叔，我看，我们实现抱负的机会就在于此，所以，我才说了刚才那四个字——分道扬镳。”

“愿闻其详。”鲍叔这时候倒也不再着急，很明显，他这位最熟悉的朋友的话里一定隐含着更深层次的含义。

“鲍叔，你来看，目前齐国的形势是这样的……”二人蹲在地上，夷吾随意地捡了一根树枝在地上比划起来。

趁着这会儿功夫，阿牛还是抓紧给大家交代一下故事的来龙去脉吧。

故事发生在春秋时代的齐国。此时的齐国，在齐僖公的统治下，多次主持多国会盟，平息了宋国与卫国之间的争端，平定许国、宋国内乱，击败狄戎，逐渐成为春秋时期实力较强的诸侯国之一。

不过，逐渐强盛起来的齐国却出现了危机。就在这一年，齐僖公去世，他的长子诸儿继位，史称齐襄公。这位齐国的新国君是一个荒淫无道、昏庸无能的人。尽管齐国国力渐强，但是我们刚才提到的两位青年却预感到齐国的统治阶层可能存在极大的变数。

了解一些春秋历史的朋友们对这两个名字一定不会陌生，管夷吾就是管仲，鲍叔就是鲍叔牙。这两位春秋历史上著名的齐国国相，辅佐齐桓公成为春秋时期的第一位霸主。不过，此时还远没有到两人成就一番事业的时候。他们俩讨论的就是如何面对齐国的危机，变数究竟在何处。

这变数就是齐襄公的两个弟弟公子纠和公子小白[①]。专横霸道、不能以德服人的国君必不长久，那么谁会是他的继任者呢？最大的可能就是国君的两个弟弟——公子纠与公子小白。会是两者中的哪一位呢？让我们听听管鲍[②]的对话吧。

“哦，我明白了。你的意思是我们两人各自追随一位公子，今后无论哪位公子继位，都能实现我们治国的梦想！这就是你说的‘分道扬镳’，哈哈！”鲍叔发出了爽朗的笑声。

管仲微笑着点了点头，说道：“正是。”

“你说得对，新君上政令无常，使百姓轻慢放纵，叛乱不知什么时候就会发生，我们确实要早作打算。那

①春秋时期，诸侯国国君的儿子称为公子，此处是以齐僖公的国君身份来称呼公子纠和公子小白。
②管鲍：管仲和鲍叔牙的并称。两人相知最深，后常用以比喻交谊深厚的朋友。人们常常用“管鲍之交”来形容自己与好朋友之间亲密无间、彼此信任的关系。

么，夷吾，你想追随哪位公子？”鲍叔问道。

“我选公子纠，因为两位公子之中年长的是他。要论长幼，公子纠当成为首选。”有些时候，我们确实会觉得管仲更会占便宜一些。

“好，既如此，我就投奔公子小白吧，虽然并不是很情愿……”鲍叔呢，让人称道的便是他的谦让。

管仲微笑着走到鲍叔的面前，紧握住他的双手，说道：“你我是要完成国家大事的人，不推辞工作，也不贪图空闲。将来继承君位的，还不知道是谁。鲍叔，我们一定能成事的，一同努力吧！”（持社稷宗庙者，不让事，不广闲。将有国者未可知也。子其出乎。——《管子·匡君大匡》）

一转身，管仲疾步奔向土坡的坡顶，面朝远处一望无际的北海，像是对鲍叔，又像是对自己，更像是对着苍苍茫茫的一色海天，大声地说道：“我管夷吾作为君上的臣子，受君命，奉国家，持宗庙，绝不为自己，也不为某一位主公而决定个人的生死！我要为之牺牲的是：国家、宗庙、祭祀。我管夷吾誓为壮大齐国托付最宝贵的生命！”（夷吾之为君臣也，将承君命，奉社稷，以持宗庙，岂死一纠哉？夷吾之所死者，社稷破，宗庙灭，祭祀绝，则夷吾死之！——《管子·匡君大匡》）

鲍叔怔怔地站在原地，抬头望着坡顶的管仲，欲言又止。此刻，两位二十多岁的青年尽管不再说一句话，但治国治民的远大抱负在两人心中引发了强烈的激荡、碰撞、共鸣。耳旁仿佛不再是低沉的潮声，而有一种比惊涛拍岸更加震撼人心的声响此起彼伏……

善算命世[1]

许久，鲍叔从刚才的激情澎湃中回转神来：“夷吾，天色不早了。既然已经决定了，事不宜迟，我看我们还是速速回到临淄（齐国国都，在今山东淄博东北），各自准备拜会公子纠和公子小白吧。”

“好的，牵马，回‘国’[2]！”管仲微笑着说道。

说是即刻回临淄，二人牵着马，依旧不紧不慢地走着，彼此交流。

“对了，夷吾，我还有一个疑问。”鲍叔想起了什么，“僖公在世之时便曾委派我辅佐和指导小白，我总觉得君上是认为我才能不够，让我辅佐公子小白，我自然不愿干，所以一直称病不出。虽则你和召（shào）忽规劝，但我总还是心不甘情不愿的。”

鲍叔停顿了一下，看着管仲：“此番回国，我要辅佐小白，想必是不成问题的。但是……夷吾，你呢？如何在公子纠处容身呢？毕竟，召忽已经是公子纠的师傅了。”

---

①命世：著名于当世。多用以称誉有治国之才的人。

②国：春秋时期，齐国实行国鄙制，将国君直辖的地区分为国、鄙两部分。国指国都与其近郊之地，鄙指近郊周围田野之地。（详见《国语·齐语》）

鲍叔说的召忽，是当时齐国一位有名望的人。他年少时就极富才智，胸怀大志，喜欢研究军事以及治国之术，但是却一直不得志。齐襄公时，公子纠仰慕他的才华和谋略，聘召忽为师傅，让其终日伴读讲史。

是啊，尽管召忽和管鲍二人颇有交情，但作为一名谋士，显然不可能仅靠交情安身立命。要在众多的能人志士中脱颖而出，需要有异乎常人的技能和才华。

管仲保持着自己一贯的微笑，并没有正面回答鲍叔的问题。反问道："鲍叔，你说一亩地的大小究竟是多少？假设我们现在走过的地方便是田地，一亩地广（长）、从（宽）各是多少？"

"哈哈，夷吾，这个问题你难不倒我。"鲍叔胸有成竹

地回答，“按照周制，六尺为步，百步为亩，所以广、从各十步，一、二、三、四、五……大致这样便是一亩[1]。”鲍叔一边说着，一边伸手示意。左手向左，右手向前，很快比划出了一亩地的大致范围。

“非常好！”管仲称赞道，“按井田算，一亩、一里很好计量。但是，若是我问你广十二步，从十四步，又是多少亩呢？”

“这个……夷吾，井田不需要这样计算啊！”鲍叔答道。

“没错，井田方方正正，没有这样不规则的田地。但若是山野鄙民自己垦荒，开垦出这样的田地，该如何计量呢？”管仲继续笑着问道。

“好了，别难为我了，哈哈，快告诉我答案吧。”

“广从相乘得到田地的面积，再按照从步到亩的换算，便可以得到亩数。比如我刚才的问题，可得乘积一百六十八积步，换成亩法，便是一亩六十八积步。”管仲侃侃而谈，显得非常自信。(“今有田广十二步，从十四步。问为田几何？答曰：一百六十八步。”——《九章算术·方田》)

---

①亩与步的换算，中国古代历史上发生过几次变化。本节故事发生在春秋时期，以周朝规定井田“百步为亩”为标准换算。

“妙！夷吾。不对啊，你转移了话题！”鲍叔忽然察觉，“我刚才问你怎么在公子纠那里获得重视，这可是一件大事。你倒好，与我讨论起算术了！什么广、从、土地面积啦。”

“哈哈，怪我没和你说清楚。”管仲说道。

“我为何要从田地面积的计算说起呢？因为我们今后辅佐主公治理国家、安定国家，使国家富强，必然要面对田地、粮食、赋税等关系国计民生的问题。那时，我们不可或缺的就是算术。方才这一问，是有关田地丈量的问题，而大至一城一邑，小至一尺一步，毫厘不可差。我便想，何不以‘六艺’中的‘九数’入手，将各种算术推演到极致，为我齐国今后的治理做好准备呢？这就是我管仲的安身立命之法——善算。”

说完，管仲跃身上马，鲍叔也随之跨上自己的坐骑。

“以善算命世……”鲍叔略一沉吟，说道：“夷吾此举颇有些出人意料啊。‘五礼’‘六乐’‘五射’‘五御’‘六书’‘九数’此六艺之中，夷吾试图以六艺最末的技能为突破之法，这是为何？别说超越召忽，就是公子纠门下的一般谋士幕僚，也不屑于此。夷吾，此举岂非舍本逐末！”

管仲稍稍纵马走了一段，回身对鲍叔说道：“鲍叔所言不差，国之大事，在祀与戎，祭祀之礼和军事之礼更受重视，礼数和军事是治国的头等大事。但是国家大事最终都归于一件件生产生活的小事，而历代的王孙公子以及贵族子弟所学的‘九数’都非常浅显，仅仅是初级入门而已。”

管仲说到这儿，鲍叔脸上稍稍有些惭愧之色。的确，“九数”鲍叔是学过的，但自己并没有很重视。小艺的学习主要还是在鲍叔的孩童时期，对于筹算之术的原理和运用也未曾深入学习。所以，在管仲说了刚才那番话以后，鲍叔微微点头表示赞同。（六年教之数与方名……九年教之数日。十年出就外傅，居宿于外，学书计。——《礼记·内则》）

管仲说得入神，并未察觉鲍叔的细微反应，继续侃侃而谈：“所以，我若是以此筹算之术灵活运用到谋划事物的各个方面，也许就会另辟蹊径。”

“好，既然夷吾已是深思熟虑，我就静候佳音。”鲍叔高兴地说道。

两人策马，通往临淄的官道上，扬起了一阵小小的飞尘……

思维冲浪

一个简单的计算长方形面积的公式——“长乘宽”构成了《九章算术》的方田算法，它是那么平淡无奇，只是提及了众所周知的一个常识。但就是这样一个普普通通的“长乘宽”，却成为《九章算术》中第一个“术”（算法），一定有其更深远的意义吧？

“方田术曰：广从步数相乘得积步。”刘徽先生在校注《九章算术》的时候说：“此积谓田幂。凡广从相乘谓之幂。”就是用长和宽的乘积来规定方田的面积。也就是说，在中国古代算法中很早就体现出了面积的定义：若干个单位面积累加的和，是长、宽两个维度的乘积。

这对于我们今天的数学学习有什么实际意义吗？有啊！你瞧，这不就是我们常说的数形结合的数学思想的体现吗？

不信？我们可以把最为熟悉的鸡兔同笼问题，试试用乘法定义面积的方式加以解决。

今有雉兔同笼，上有三十五头，下有九十四足，问：雉兔各几何？（选自《孙子算经》）

题意：有若干只鸡和兔同在一个笼子里，从上面数，有35个头，从下面数，有94只脚。问：笼中的鸡和兔各有多少只？

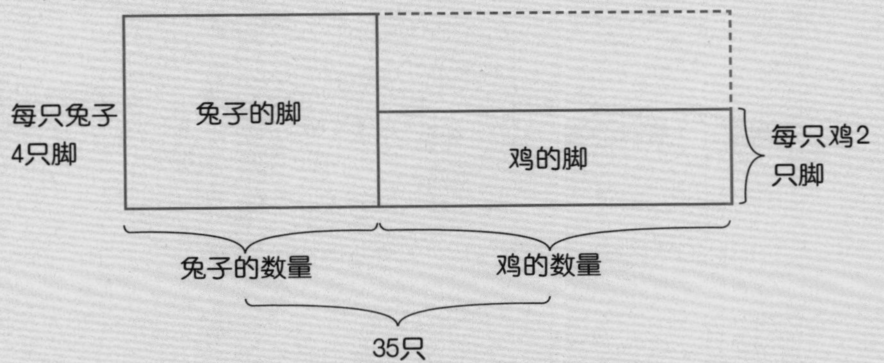

首先，我们根据“每份数×份数＝总数”的数量关系构造一组长方形的面积，左边长方形的面积表示兔子的脚总数，右边长方形的面积表示鸡的脚总数，两个长方形的面积之和为94。由这两个长方形以及虚线部分长方形所组成的大长方形的面积为$4\times35=140$，可得虚线长方形的面积为$140-94=46$，再根据虚线长方形的宽为$4-2=2$，可以求得鸡的数量为$46\div2=23$（只），而兔子的数量为$35-23=12$（只）。

这就是数形结合的构造，由数到形，再由形到数的转化。我们再来试一试更复杂的“鸡兔同笼”问题能否也用乘法的图形意义加以解决。

题目：蜘蛛有8只脚，蜻蜓有6只脚和两对翅膀，蝉有6只脚和一对翅膀，现有这三种昆虫共18只，共有脚118只，翅膀20对。求每种昆虫各有多少只？

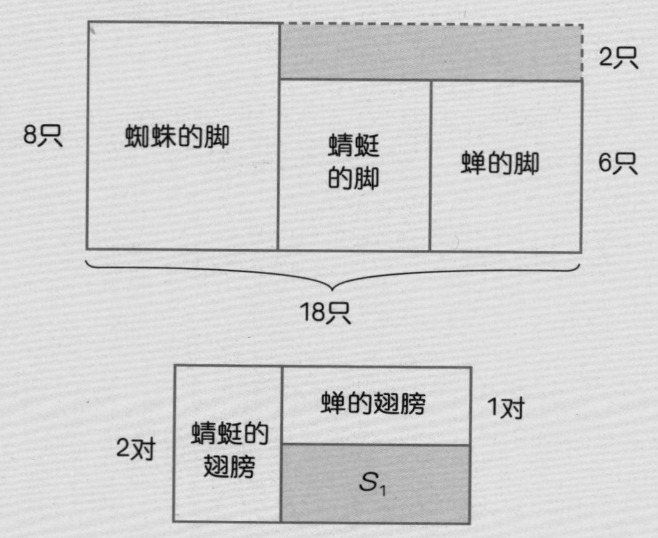

构造矩形图，用长表示昆虫的总数，用宽表示每只昆虫脚数与翅膀数，得到两幅矩形图。

由条件知：$S_{阴影}=18\times8-118=26$，

阴影长=26÷2=13，也就是蜻蜓+蝉=13（只），

所以蜘蛛有18－13=5（只）。

又因为$S_1=13\times2-20=6$。

所以蝉=6÷（2－1）=6（只），蜻蜓是18－5－6=7（只）。

综上所述，蜘蛛有5只，蝉有6只，蜻蜓有7只。

初判田亩

管鲍二人在乐安至临淄的道路上不紧不慢地骑马前行，一路讨论着治国的韬略，高谈阔论之际，已经行至中途。前面野鄙[①]之地聚集了不少人，似乎起了一些争执，声音颇为嘈杂，人们的情绪也比较激动，人群中一位官吏模样的人显得颇为无奈。

管鲍二人驱马上前，鲍叔下马向人打听情况。原来，这些人是为田地的分配而来，让这位闾胥[②]评判几家分得田地的多寡。

这会儿，这位闾胥大人显然十分尴尬而又无计可施。

为什么呢？这要从当时的田亩制度开始说起。话说从周朝起，除了井田制，还实行着另外一种田地分配制度——易田制。《周礼·地官司徒·大司徒》中记载："凡造都鄙，制其地域而封沟之，以其室数制之，不易之地，家百亩；一易之地，家二百亩；再易之地，家三百亩。"就是说，在分配土地时，根据土地的肥沃程度，确定休耕田地（易田）的多少。"不易之地"，是可以连年

①野鄙：春秋时期指离城较远的郊外。
②闾胥：音lú xū，掌管一闾（二十五户）政事的地方小官员。

耕种的肥沃土地,“一易之地”,是休耕一年再复种的土地,“再易之地”,是休耕两年再复种的土地。为什么要休耕呢? 古时候的农业生产可没有今天的化肥,靠大自然的休养恢复土地的肥力,休耕让较为贫瘠的田地休养一两年再耕作,这样才能保证庄稼的收获。

易田制是一种符合自然规律的科学方法,不过,有点复杂。每家每户所得之地有一百亩肥沃的田地,也有二百亩需要休耕一年的田地,还有三百亩需要休耕两年的田地。时间一长,多次分配之后,二十五户人家的地就算不清了,大家都觉得自己很有可能在分地的事上吃亏了。所以要求闾胥来好好评断,到底谁多谁少,谁吃亏了谁又占了便宜。唉,农户们算不清,闾胥大人也是满脑子糨糊啊!

在一片叽叽喳喳的嘈杂声中，闾胥大人终于说话了，只见他两手一摊，大声说道："我也没辙！"

这话犹如火上浇油，现场陷入了更大的吵闹声之中。

气氛已经到位，重要人物得闪亮登场了。只见管仲拨开人群走到闾胥身边，略一行礼说明身份。鲍叔也站在一旁，举手示意众人安静下来。

嘈杂声渐渐平息，管仲于是说道："听闻大人为易田划分一事困扰，我有一法可止纷争，不知闾胥可愿尝试？"

闾胥早就发现管鲍二人虽是布衣打扮，但气宇不凡，想必是贤能之士。面对这纷乱的场面他正无计可施，有人愿意帮忙解困，自然是再好不过，当下深施一礼，感激地说道："先生贤德，愿闻其详。"

"好。"管仲说道，"易田按不休耕、休耕一年和休耕两年三种情况区分，使得计量较为复杂。可将各种情况均换算成不易之地，一易之地按二分之一计算，再易之地按三分之一计算。各家各户将自己的情况分别报给闾胥。"

人们纷纷答应，自己家里人合计一番，二十五

户人家本就不多，很快就将田地数量报给闾胥。

不一会儿，换算之后的各家耕地数量就得出了。

“但是先生，还是有一个难解的问题。”闾胥皱着眉头说道，“你看，比如这两家的田地换算之后，一家有不易之地二百九十六又十三分之七（$296\frac{7}{13}$）亩，一家有二百九十六又九十一分之四十九（$296\frac{49}{91}$）亩。这两家的耕地如何分出大小呢？”

“闾胥所问并不难解，待我拿一样东西。”管仲说完，快步来到自己坐骑旁，从马上取下一个小小的布袋。管仲取出袋中之物，是一束长短粗细相同的小竹签。每根竹签有一指多长，约莫有两三百根。

“算筹。”闾胥也是读过书的人，识得此物。这是当时记数和计算的重要工具。和当时大多数入过“小学”的人一样，闾胥只会使用算筹进行一些简单的运算。

“此物如何解今日之难题？请先生赐教，我愿习得此法，今后为鄙民解决纠纷。”闾胥再次深施一礼道。

“好！”管仲非常爽快地答应了，找了一处干净的地方铺开算筹，摆放起来。农户们也十分好奇，纷纷聚拢来围观。不过，仅限于围观而已，在春秋时期，山野鄙民并没有入学的机会，自然也不懂筹算之术。

管仲并没有分别之心，一视同仁地讲解着：“诸位请看，一家得田数的分数是九十一分之四十九（$\frac{49}{91}$），这个分数是可以约简的。如果分子和分母都可以折成一半，就一直折半约简；如果不能折半，就犹如九十一和四十九一样，我们可以将这两个数分开摆放，大数减去小数，之后不断继续这个操作，直到差和减数相等为止，这个数就叫做等数，最后用等数约简，就可以得到结果。这个解法过程里不断用小数去减大数的方法叫更相减损。这就是筹算法中的约分术。”

管仲一边讲解，一边不断地摆放和移动着一根根算筹，不一会儿就得出结果，九十一分之四十九（$\frac{49}{91}$）约简之后为十三分之七（$\frac{7}{13}$）。是的，两家农户分到的耕地数是相同的。

在此，我们给出算筹计算的过程和今天的数学描述，有兴趣的读者可以好好体会一下更相减损的约分术。

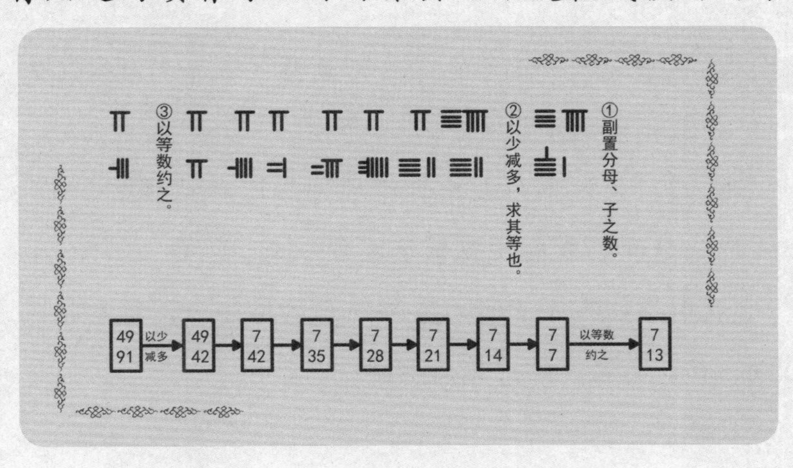

当我们把目光再次移回到管鲍，已是他们和众人告别的一番场景。斜阳下，人们目送着管鲍二人远去的身影。

思维冲浪

分数的分子和分母同时乘或者除以一个相同的数（0除外），分数的大小不变。这是分数的基本性质。约分术是把一个分数的分子、分母同时除以公约数，分数的值不变，依据的就是分数的基本性质。《九章算术》的约分术中包含了一个被后人经常提及的著名算法——更相减损术。它和古希腊的辗转相除法如出一辙。辗转相除法又称欧几里得算法，是不是真的由欧几里得提出的已经不可考证，但可以追溯到公元前300年以前，和更相减损术的提出处于同一时代。

更相减损术把分数运算和数论知识有机地结合在一起，把分数和整数的研究融合在了一起。

我们不妨再一次运用数形结合的思想来图解更相减损术。就以本文中的问题为例。

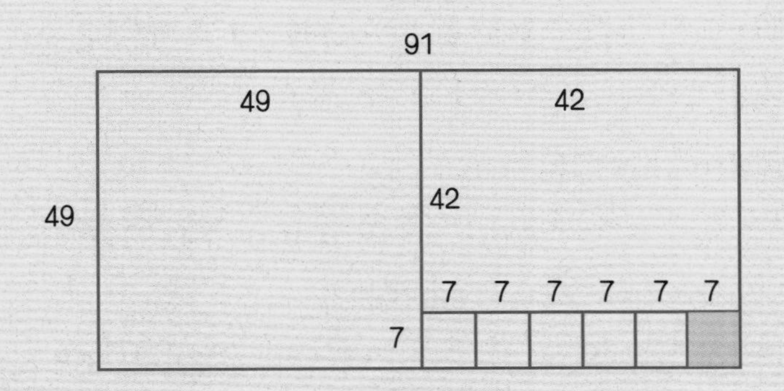

结合文中的解法，这样的图解还是很好理解的。

古希腊的欧几里得算法把更相减损中的减法转化成了除法。91和49，都可以考虑成m个和n个7相加，也就是$91=m\times7$，$49=n\times7$。

利用这种用字母代表数的方式，我们可以很容易地发现最大公约数和最小公倍数的关系并解决问题。

(a,b)是a、b的最大公约数，$[a,b]$是a、b的最小公倍数。

可以假设$a=m\times p$，$b=m\times q$。

那么

$$(a,b)=m,[a,b]=\frac{a}{m}\times\frac{b}{m}\times m=\frac{a\times b}{m}。$$

所以

$$(a,b)\times[a,b]=m\times\frac{a\times b}{m}=a\times b。$$

最大公约数和最小公倍数的关系就是：两个数的最大公约数和最小公倍数的乘积等于这两个数的乘积。

例 两个数的最大公约数是21，最小公倍数是126，则这两个数的和是多少？

解：因为这两个数的最大公约数$(a,b)=21$，

设$a=21\times p$，$b=21\times q(a>b)$且p、q互质。

因为$[a,b]=126$，所以

$$(21\times p)\times(21\times q)=21\times 126$$

$$p\times q=6。$$

因为p、q互质，所以

$$p=6，q=1或p=3，q=2。$$

所以可以得到两组答案

$$a=21\times 6=126，b=21\times 1=21，$$

$$a=21\times 3=63，b=21\times 2=42。$$

所以这两个数的和为

$$a+b=147或a+b=105。$$

合分苑囿

临淄，依靠制盐和冶金，成为两千七百多年前春秋列国的手工业中心。繁华，是形容这座城市最贴切的词，她是当时东方最重要的政治、经济、文化中心之一。

临淄大城内不论东西南北常常是车水马龙、人声鼎沸。但大城的西南角却是截然不同的平静和庄重，这便是小城，也就是国君的宫城的所在。“高台榭，美宫室”的殿堂用壮观和华贵向齐国的百姓彰显着权威。小城的东北区域坐落着不少台榭别馆，都是齐国贵族的栖息之所，公子纠的府邸也位于此地。

公子纠府邸的厅堂上，分明可以看到管仲正面对着主人和府上的一众门客侃侃而谈。

公子纠相貌虽不出奇，但作为齐国国君最年长的弟弟，也有着不凡的气度。鲁国公主出身的母亲更是教

会他周礼的精髓。即便不言语，其神态仍然可以让人感受到他的明白事理和刚柔适宜，有一种通达天下的特质。管仲非常明确地打算把自己的前途托付给眼前的这位主公。

用自己的才学和能力想打动这位今后可能执掌政权的公子，对于一般人而言并非易事，管仲则是例外。此时的管仲显然已经让公子纠眼前一亮，豁然开朗。

是什么打动了他呢？自然是善算之术。这会儿，管仲阐述完自己对于“九数”的独到见解，说到了田亩丈量的问题。今天人们所熟知的数学中的分数加法在“九数”的时代有一个更好听的名字——合分术。而管仲则把这个好听的名字与国家治理结合在一起：合分田畴之术，亦是合分天下之术！这样的论断怎能不打动胸怀大志的公子纠呢？

偌大的厅堂之上，公子纠安坐在主位。说是安坐，可不同于现在人们的坐姿，古时的坐，是席地而坐。只见公子纠膝盖并紧，臀部坐在脚跟上，脚背贴地，双手放在膝盖上，目视前方侃侃而谈的管仲。

周围的门客幕僚们也都正襟危坐，微微欠身，洗耳恭听。

管仲对答如流，言谈之际，不忘用算筹演算比划，自有一派风范引人入胜。

“合分田畴界域的计算方法，先生为何说便是合分天下的方法呢？”公子纠问道。

“公子，天下之数纷繁复杂。分子多种多样，分母有大有小，分数的繁简不同，难以形成同样的标准加以合并。特别是在田地的分配和界域的划分上极易出现这种情况。”管仲答道，“在来都城的路上，我和鲍叔还帮助闾胥和百姓解决了易田分配多寡的问题，便是如此。”

“公子英明，定可想见，国之治理纷繁复杂，田地、税赋、粮食收益……分无定准之事是非常常见的。若是与邻国有土地纷争，因为度量标准不一，便和这数的运算一样难以合分啦。”

听到这儿，众人纷纷点头称是。

“那么，如何解决这个问题呢？”

“合分之术的主要目的，便是在保持分数的数值不变的条件之下，将不同分数的分母化异为同，便可以合并和相加。究其算法，便是把各分子、分母交互相乘，乘积相加之和作为实，各分母相乘之积作为法，进行除法运算。如果实小于法，则实确定为分数的分子。”（合分术曰：母互乘子，并以为实，母相乘为法，实如法而一。不满法者，以法命之，其母同者，直相从之。——《九章算术·方田》)管仲一边说着，一边快速地操作算筹。

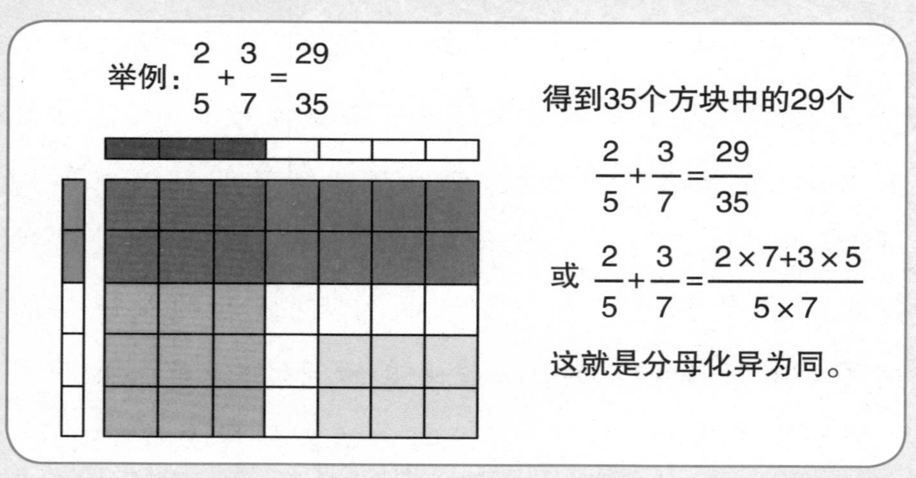

在管仲和公子纠言谈之时，公子右侧端坐之人始终沉默不语，直到此时，才忽然说道："夷吾所言，皆属于'九数'中'方田'的问题，合分之术并非什么复杂精妙之法。"

管仲一惊，抬头一看，此人正是公子纠的师傅——召忽。

"公子，前日教授'九数'之时，我已讲过这合分之术。"召忽这么一说，顿时让气氛显得有点尴尬。召忽似乎也察觉到了，于是说道："夷吾若真的认为此法可解决一切田畴界域的问题，不如我们一同前往苑囿，帮我瞧瞧怎么解决一个棘手的小问题吧。"

先秦时期的苑囿，是天子和诸侯所有，兼具生产、观赏功能的专属领地。齐国临淄的苑囿，在小城的西门外。此地有一处终年不会枯竭的泉水，泉水造就了一片不小的湿地。湿地风景宜人、土地肥沃，极利于农耕，也是齐国国君骑射、观赏、祭祀以及召见大臣的好地方。以公子纠的身份，他可以方便地出入于此。

众人随着公子纠和召忽来到苑囿的一处高台，这是齐国国君祭祀设坛的地方。人们驻足于此，期待着召忽提出他所谓的"棘手的小问题"。

只见召忽用手指向远处的一处方田，说道："管夷吾请看，这块方田乃是苑囿农耕之用，平均分配给七户农家耕作，每年春耕之前，君上便会在此亲自耕作，行籍田之礼①。"

召忽稍作停顿道："为了让籍田之礼更显庄重，彰显我齐国农耕繁荣，君上要求增加五户加强耕作。"

一转身，召忽面向管仲说道："棘手的问题来了，原本每户七分之一，现在增加五户之后，每户十二分之一，如何均分呢？籍田礼的所在，是不能把田垄轻易推倒重新划分界域的。每户依旧要均分，只能新筑田垄。

①籍田之礼：古代帝王或诸侯于春耕前举行的亲自耕作农田的典礼。籍田礼是为了奉祀宗庙、祈求社稷、劝农耕作而举行的，以显示天子、诸侯对农业的重视。

说实话，这个问题我已经想了好久……管夷吾，合分之术如之奈何呀？”

话音一落，众皆哗然。人们或交头接耳，或自言自语，或低头沉思，或皱眉摇头表示无可奈何。召忽尚且无解的问题，其他人则更束手无策。

召忽是故意给管仲出难题，还是他确实遇到困难？这一点还真的很难说。籍田对于天子或诸侯来说，不过是拿起耒耜（lěi sì）推三下或者拨一下，但它的象征意义却很不一般。这看似微不足道的田垦体现了新旧分配制度的交替，一推一筑也就真的需要细细斟酌。

再看管仲，沉默不语，眼神中却显现出兴奋的光彩，显然，他正在快速地思索。不一会儿，他从身上取出装有算筹的小布袋，蹲在地上摆放起来。

不多时，管仲立起身来，向公子纠和召忽深施一礼，说道：“公子、先生，夷吾已用合分术求得此题的答案。”

召忽一听此言，难掩惊喜之色，赶忙说道：“夷吾，快讲快讲！”

“正如召忽先生方才所言，定是要把多少分之一和多少分之一合分成这十二分之一，这就要把我之前阐述的合分术加以逆向利用。而这十二分之一则是合分之后再进行约分得到的。约分的关键在哪里？在于寻找到等数也就是分子、分母相同的倍数，然后约之。”

公子纠面露期待之色说道：“先生，那对应到方才的问题，该如何运用呢？”

管仲微微一笑，答道：“这十二分之一的分母，可以分解为三、四两个约数。我们可先将十二分之一扩倍，分子、分母同时乘两个约数之和七，于是，十二分之一（$\frac{1}{12}$）便可转化为八十四分之七（$\frac{7}{84}$）；我们再将此数拆项，可得数八十四分之三（$\frac{3}{84}$）与八十四分之四（$\frac{4}{84}$）；最后一步，便是将两数约分，得二十八分之一（$\frac{1}{28}$）和二十一分之一（$\frac{1}{21}$）。”

带着自得的笑容，管仲向着公子再施一礼：“公子，只需将原先的七份均田先取出三份，每份均分成四小份，便可得十二块二十八分之一（$\frac{1}{28}$）的均田；再将剩余的四份均田每份均分成三小份，便又可得十二块二十一分之一（$\frac{1}{21}$）的均田。分配之时，每户取两种不同的均田各一份，如此便可完成均分。”

读者朋友们，可以看看以下的算式，便一目了然。

$$\frac{1}{12}=\frac{1\times7}{12\times7}=\frac{3+4}{12\times7}=\frac{3}{3\times4\times7}+\frac{4}{3\times4\times7}=\frac{1}{4\times7}+\frac{1}{3\times7}=\frac{1}{28}+\frac{1}{21}$$

棘手的问题解决了，召忽向管仲投来赞许的目光。可是，一旁的公子纠的脸上却流露出一丝茫然，他向召忽问道："师傅，通过对细小事物的观察与分析，能够帮助我们规划国之大事。但不知这样一件小事为何让您思虑许久呢？难道这其中也蕴含着国家治理的学问吗？"

召忽被这突如其来的问题问住了，一时未作答。身边的管仲连忙说道："公子，召忽先生的这个小问题确实蕴含着国家治理的道理。百姓只有获得了自己的土地，才会起早贪黑、不辞劳苦。如果分地不均，土地资源不能充分利用，人力就不能得到充分发挥。均衡地分配

土地资源，特别是按照农户不同的生产能力分配土地资源，乃是强盛齐国的治国之策。召忽先生思虑的问题，给我们的启示深远，夷吾佩服啊！齐国幸甚，公子幸甚啊！”（道曰：均地分力，使民知时也，民乃知时日之蚤晏，日月之不足，饥寒之至于身也。是故夜寝蚤起，父子兄弟不忘其功，为而不倦，民不惮劳苦。故不均之为恶也，地利不可竭，民力不可殚。——《管子·乘马》）

公子纠的脸上露出了灿烂的笑容，门客幕僚们钦佩地朝召忽点头赞许着，让这位公子师傅顷刻间乐开怀，而管仲面带微笑地收拾着一根根算筹。

思维冲浪

在“合分苑囿”的故事里，我们看到了合分术（分数加法）的逆向运算，就是把一个分数拆分成两个单位分数的和。分数裂项的方式有很多，最为常见的分数计算中就有裂和与裂差两种。我们不难发现：

$\frac{1}{a}+\frac{1}{b}=\frac{a+b}{a\times b}$，它的逆运算就是：$\frac{b+a}{a\times b}=\frac{1}{a}+\frac{1}{b}$。

如果一个分数的分母是两个数的乘积，分子是这两个数的和，我们就可以将它裂项为两个单位分数的和。同样的道理：

$\frac{1}{a}-\frac{1}{b}=\frac{a-b}{a\times b}$，它的逆运算就是：$\frac{b-a}{a\times b}=\frac{1}{a}-\frac{1}{b}$。

如果一个分数的分母是两个数的乘积，分子是这两个数的差，我们就可以将它裂项为两个单位分数的差。

这种运算形式是解决很多分数数串的加减运算问题的基本手段。

最为简单的就是$\frac{1}{2}+\frac{1}{6}+\frac{1}{12}+\frac{1}{20}+\frac{1}{30}+\frac{1}{42}+\frac{1}{56}+\frac{1}{72}+\frac{1}{90}$这样的运算，很显然，每一项的分母是两个连续自然数的乘积，分子1是这两个连续自然数的差。我们可以得到：

$$
\begin{aligned}
\text{原式}&=\frac{2-1}{1\times2}+\frac{3-2}{2\times3}+\frac{4-3}{3\times4}+\frac{5-4}{4\times5}+\frac{6-5}{5\times6}+\frac{7-6}{6\times7}+\frac{8-7}{7\times8}\\
&\quad+\frac{9-8}{8\times9}+\frac{10-9}{9\times10}\\
&=1-\frac{1}{2}+\frac{1}{2}-\frac{1}{3}+\frac{1}{3}-\frac{1}{4}+\frac{1}{4}-\frac{1}{5}+\frac{1}{5}-\frac{1}{6}+\frac{1}{6}-\frac{1}{7}\\
&\quad+\frac{1}{7}-\frac{1}{8}+\frac{1}{8}-\frac{1}{9}+\frac{1}{9}-\frac{1}{10}\\
&=1-\frac{1}{10}\\
&=\frac{9}{10}\text{。}
\end{aligned}
$$

举一反三，更复杂的分数裂项计算，你是不是能够完成？

比如：

(1) $\frac{1}{1\times3}+\frac{1}{3\times5}+\frac{1}{5\times7}+\cdots+\frac{1}{1999\times2001}$

$=(\underbrace{\frac{1}{1}-\frac{1}{3}+\frac{1}{3}}_{\text{出现位移现象！}}-\frac{1}{5}+\frac{1}{5}-\frac{1}{7}+\frac{1}{7}+\cdots+\underbrace{\frac{1}{1999}}_{\text{出现位移现象！}}-\frac{1}{2001})\times\frac{1}{2}$

$=(\frac{1}{1}-\frac{1}{2001})\times\frac{1}{2}=\frac{1000}{2001}$。

(2) $1\frac{1}{2}-2\frac{5}{6}+3\frac{1}{12}-4\frac{19}{20}+5\frac{1}{30}-6\frac{41}{42}+7\frac{1}{56}-8\frac{71}{72}+9\frac{1}{90}$

$=1+\frac{1}{2}+3-2\frac{5}{6}+\frac{1}{12}+5-4\frac{19}{20}+\frac{1}{30}+7-6\frac{41}{42}+\frac{1}{56}+9-8\frac{71}{72}+\frac{1}{90}$

$=1+\frac{1}{2}+\frac{1}{6}+\frac{1}{12}+\frac{1}{20}+\frac{1}{30}+\frac{1}{42}+\frac{1}{56}+\frac{1}{72}+\frac{1}{90}$

$=1+\frac{1}{1\times2}+\frac{1}{2\times3}+\frac{1}{3\times4}+\frac{1}{4\times5}+\frac{1}{5\times6}+\frac{1}{6\times7}+\frac{1}{7\times8}+\frac{1}{8\times9}+\frac{1}{9\times10}$……具备裂项条件

$=1+1-\frac{1}{2}+\frac{1}{2}-\frac{1}{3}+\frac{1}{3}-\frac{1}{4}+\frac{1}{4}-\frac{1}{5}+\cdots+\frac{1}{8}-\frac{1}{9}+\frac{1}{9}-\frac{1}{10}$

$=2-\frac{1}{10}$

$=1\frac{9}{10}$。

课分博戏

管仲在公子纠府上赢得了所有人的赞许和钦佩，更顺利地成为公子纠的另一位师傅。谈古论今、传道授业，对于管仲来说并非难事。公子纠作为齐国新君上的弟弟，身份显赫，但又无法参与朝政，这让召忽、管仲两位满怀治国理想的人才过得清静而又颇为惆怅。不过，管仲很快从这种才志难展的苦闷中解脱出来，他意识到与其抱怨自己壮志难酬，倒不如静下心来好好筹划一套完整的治国谋略和施政要领。清闲的日子让他有充足的时间去深思熟虑，渐渐地，规律、规范、形象、教化、决塞、心术和计算这些治国大道在他的头脑中变得清晰起来。匡正天下需要拿出一整套贴合实际又先于时代的纲领才行。治民要具备治理的条件，用兵要有策略，战胜敌国要有道理，匡正天下要有名分。(故曰："治民有器，

为兵有数，胜敌国有理，正天下有分。”——《管子·七法第六》）

公子纠耐不住寂寞，也不愿时时刻刻听两位师傅絮絮叨叨的教诲，所以便提出去大城的市井中心游历一番。

繁华的临淄，大城的街道上商贩云集，人流往来不息。热闹的场面让公子纠兴奋不已，他不由得东张西望，很快就被一个博戏的摊子所吸引。

博戏又叫六博棋，是当时盛行的一种棋类游戏，可以说是中国象棋的雏形。这种棋由两人玩，双方各有六枚棋子。其中各有一枚相当于王的棋子叫“枭”，另有五枚相当于卒的棋子叫“散”。行棋在刻有曲道的棋盘上进行，用投箸的方法决定行棋的步数。又用“鱼”两枚，置于棋盘内的“水”中，棋子行进到规定的位置即可竖起，成为“枭棋”，“枭棋”可以入“水”中吃掉对方的“鱼”，名为“牵鱼”。每牵鱼一次，获得博筹二根，连牵两次鱼，获得博筹三根，谁先获得六根博筹，就算获胜。每到棋局的关键处，围观的人发出一阵阵喝彩。

此时的公子纠就已经完全被吸引住，他随着众人高喊“五白[1]、五白、五白”，一边不住地拍手称快，乐此

①五白：博戏中的名称。掷得五子皆白，叫五白。“成枭而牟，呼五白些。”——《楚辞·招魂》

不疲。对于市井游戏，召忽自然是不屑的，管仲则保持他那一贯微笑不语的表情。

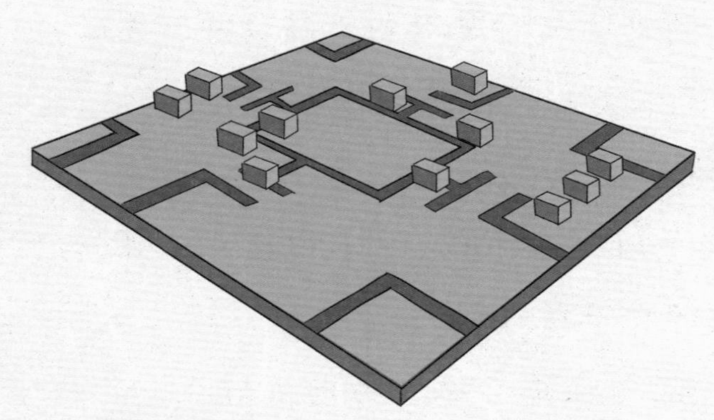

棋局的间歇，公子纠问摊主："今日胜负之数如何？比昨日好些吗？"

摊主答道："今日开了八局，胜了五局。昨日开了二十五局，胜了十六局。也不知是昨日好些，还是今日好些，差多少更是搞不清楚。"

公子和召忽几乎是同时望向了管仲，很显然，在他们看来这样的问题自然是要抛给管仲的。这样的机会管仲当然不会推辞，不但是要解答这个问题，更是要见缝插针地给公子纠上一课。

"这个问题问的是八分之五($\frac{5}{8}$)和二十五分之十六($\frac{16}{25}$)，孰多孰少？相差几何？对于这个问题，我们可以用课分术解之。课分术，便是将两个分数的分母与分子交叉相乘，大数减去小数所得作为新的分子，分母与分母相乘所得作为新的分母，所得新的分数为多出之数。"(课分术曰：母互乘子，以少减多，余为实，母相乘为法，实如法而一，即相多也。——《九章算术·方田》)

管仲继续说道："以这个问题为例，五乘二十五得一百二十五（5×25=125），十六乘八得一百二十八（16×8=128），两者各为分子，后者较大。分母八乘二十五得二百（8×25=200），大数减去小数所得作为新的分子，也就是三，多出之数为二百分之三（$\frac{3}{200}$）。所以，仍旧是昨日的胜率略高，高了二百分之三（$\frac{3}{200}$）。这便是课分术，犹如十字相乘，把一个比较分数大小的问题，转化成一个比较整数大小的问题。"

管仲的讲解细致入微，召忽听完频频点头称是，公子纠则一知半解，显然也没有花心思去听，因为比较起围观六博棋的亢奋，这样的讲解让公子纠觉得索然无味。

但是，总不能在众人面前，特别是在两位师傅面前表现出兴致索然。所以，公子纠依然以请教的口气问道："先生，适才的问题不过是涉及市井游戏的小技而已。所用课分术，比较两个分数的大小，难道也和治国有关吗？"

"正是，其关系还十分重大。举例来说，当今君上正厉兵秣马，有扩展我齐国版图之意愿，而其中极重要的征兵工作就需用到课分术。齐军五人为一伍，十伍（50人）为一小戎，四小戎（200人）为一卒，十卒（2000人）为一旅，五旅（1万人）为一军。若某戎要征兵七十人，最少二十九户征十二人，最多七十户征二十九人，应当从多少户士乡[1]百姓中征兵才是最合适的呢？”

环视面面相觑的众人，管仲并不指望有人能够回答出这个问题。于是，他一边在桌上比画，一边说道：“某数分之七十应该大于二十九分之十二（$\frac{12}{29}$），用课分术将这两个分数的分子分母相乘，七十乘二十九（70×29）作为新的分子，用十二去除，‘某数’应该小于一百六十九又六分之一（$169\frac{1}{6}$）。再考虑某数分之七十应该小于七十分之二十九（$\frac{29}{70}$），同样将这两个分数的分子分母相乘，七十乘七十（70×70），再以二十九相除，‘某数’应该大于一百六十八又二十九分之二十八（$168\frac{28}{29}$）。由这两个条件，再加上百姓的户数必为整数，可以确定应该从一百六十九户中征兵为妥。”

当一个国家面对战事的时候，征兵是一件需要仔细考虑的重要工作，征兵少了完成不了国家任务；大肆征兵百姓定会怨声载道。这个道理公子纠

①士乡：春秋时齐国把国都区域划分为六个工商乡、十五个士乡，士乡是主要的兵源。

十分清楚，而召忽更是对军事有深刻的见解，对管子的讲解十分认同。

博戏摊子的人群已经渐渐散去，原本热闹的街道也平静下来，远处校场正隐隐地传来阵阵士兵操练的喊声……

思维冲浪

从博戏到征兵，课分术都发挥出重要的作用。“分各异名，理不齐一，校其相多之数，故曰课分也。”唐朝李淳风在注释《九章算术》中的课分术的时候这样说道。意思是两个分数的分母、分子各不相同，自然此二数一般不会相等。比较相互多出的数，所以叫做课分（分数的比较）。

比较分数的大小，这类问题的解决方法有很多，其中的“十字相乘法”，其实就可以对应到古代算法中的课分术。

用字母的形式表示“课分术”：

$$\frac{b}{a}-\frac{d}{c}=\frac{b\times c-a\times d}{a\times c} \quad \frac{\text{母互乘子，以少减多，余为实}}{\text{母相乘为法}}$$

“实如法而一，即相多也。”

课分术的实质是把比较分数大小的问题转化为分数的减法运算，通过通分把分数化为同分母分数进行比较。不过由于是比较大小，所以我们不必找最小公倍数，而是通过两个分母相乘的方式找到公倍数即可，这就省却了求最小公倍数的计算量。比如课分博戏中的问题：

比较$\frac{5}{8}$和$\frac{16}{25}$的大小就是比较$\frac{5\times25}{8\times25}$和$\frac{16\times8}{8\times25}$的大小。

两数通分后分母相同，比较分子的大小

$$5\times25<16\times8。$$

所以

$$\frac{5}{8}<\frac{16}{25}。$$

来，我们再试试别的问题。

例（1）比较$\frac{7}{8}$和$\frac{7+123456789}{8+123456789}$的大小；（2）比较$\frac{5}{4}$和$\frac{5+19951995}{4+19951995}$的大小。

解：（1）比较$\frac{7}{8}$和$\frac{7+123456789}{8+123456789}$的大小，即比较$7\times(8+123456789)$和$8\times(7+123456789)$的大小，即比较$7\times8+7\times123456789$和$8\times7+8\times123456789$的大小。

因为

$7\times8+7\times123456789<8\times7+8\times123456789$，

所以

$$\frac{7}{8}<\frac{7+123456789}{8+123456789}。$$

（2）比较$\frac{5}{4}$和$\frac{5+19951995}{4+19951995}$的大小，即比较$5\times$

$(4+19951995)$和$4\times(5+19951995)$的大小，即比较$5\times4+5\times19951995$和$4\times5+4\times19951995$的大小。

因为

$5\times4+5\times19951995>4\times5+4\times19951995$，

所以

$$\frac{5}{4}<\frac{5+19951995}{4+19951995}。$$

平分恶金

时光飞逝，转眼九年过去了。这九年间，公子纠的府上波澜不惊，但齐国在诸儿，也就是齐襄公的治理下，却已渐渐显露出了乱象。

乱象的起因，是齐襄公诸儿连年征战。襄公四年（公元前694年），齐国平定郑国内乱；襄公五年（公元前693年），齐师伐纪，攻取纪国三邑；襄公八年（公元前690年），齐国灭纪国，纪国的百姓被夺去了土地强行迁徙，齐国的疆域大大扩展了。

襄公九年（公元前689年），齐国联合宋、鲁、陈、蔡四国共同伐卫，诛杀卫国左、右公子，帮助卫惠公复位。周天子见卫国势弱，便派出了援军，但终不敌齐军，将领子突举剑自刎。

连年征战，齐国都获得胜利，齐国的版图也得以扩张，今天的山东半岛几乎都纳入齐国的势力范围。但穷兵黩武的后果就是民不聊生，百姓怨声载道。

让我们的目光再次回到临淄的公子纠府上。这些年尽管齐国国君闹腾得沸沸扬扬，但公子纠的生活却平淡无奇。锦衣玉食，渐渐磨灭了他的治国抱负，尽管有召忽、管仲悉心教导，一天天时光的消磨还是让他觉得碌碌无为、百无聊赖。

公子纠近日总在念叨“出去走走”。身为君上的长弟，整日被束缚在自己的府邸，不禁烦闷。召忽、管仲也觉得有必要让公子出去走走，一次不经意间的出游，在管仲心里还有别的盘算。齐国的种种乱象让这位深谋远虑的公子之师有了一个不可为旁人知的想法——带着公子纠出逃避难。当今君上昏庸暴虐，万一对自己的弟弟下手……须尽快找机会逃出齐国，静待时机。

按管仲的建议，出临淄往西南三十里有一座商山，山高五百余尺，山旁有一处清澈泉水汩汩而出，周围一带群山起伏、沟壑纵横，风景颇好。公子纠欣然赞同，其实对于他来说去哪儿倒是无所谓，只要能游山玩水一番，总好过整日学习六艺吧。

公子纠的出游请求很快得到国君的批准，齐襄公诸儿也本无暇顾及这位弟弟，他的心思都在征战上。

风轻云净，一路谈笑间，公子纠的仪仗已经来到商山脚下。

商山，层峦叠嶂、连绵起伏，自然风光很是秀丽。商山是鲁沂山系的余脉，有着这些山脉的共同特点，大半座山覆盖着郁郁葱葱的树木，半山腰以上的山体却没有多少植被，裸露的山体呈红褐色。

“山上有赭者，其下有铁。”管仲说道。

铁可是春秋时期非常稀罕的贵重金属。在铁器大量出现之前，西周到春秋这一段时期，金属工具主要是青铜器。而青铜工具因为质地脆硬易折断、冶炼工艺复杂等弊端已无法满足使用要求。无论是农具还是兵器的铸造，铁的使用变得越来越重要。铁矿的开采，在那个年代同样变得十分重要。

管仲的话，让众人不禁都抬起头向山上仰望。果然，半山腰上有好几座为开采铁矿而搭建的棚户，隐约可见其间的矿洞，很多人正在山间劳作，将一筐筐、一担担的矿石从矿洞运出。

这场景引起了众人的兴趣，公子纠很想看个热闹，而管仲却一言不发，明显在思索着什么。

商山铁矿是一处矿藏丰富却疏于管理的私人采矿工场。矿场的主人买下了商山的一小部分，搭起了几个窝棚便雇人开矿，再将一车车的铁矿石运往临淄大城东北的冶铁作坊冶炼成铁，再锻造成各种铁器。

采矿场上非常热闹，采矿工、搬运工来来往往，十分忙碌。一旁的工头则对着忙碌的工人大声嚷嚷，显得很是生气又束手无策的样子。

“你们三个矿石仓库，互相都不通个气儿，说搬运就搬运。一个仓库剩下二分之一 ($\frac{1}{2}$)，一个仓库剩下三分之二 ($\frac{2}{3}$)，一个仓库剩下四分之三 ($\frac{3}{4}$)，好了，剩下的铁矿石究竟怎么平均算？三个仓库的库存怎么才能拉平？”

所有人都默不作声。确实，连工头都没法儿算明白的事，让这些大字都不认识的小矿工怎么算得出来？

一旁看热闹的公子纠这时候倒有点儿按捺不住了。毕竟，跟着两位老师学习了这么久，尤其是管仲教导的“九数”，公子纠对算法还是略通一二的。

“这个问题，可用平分术加以解决。”公子纠说完抬眼看向管仲，希望师傅能够露一手帮着解决这个问题，但管仲似乎一点都没有出手的打算，只是皱着眉背着手并不言语。

看到公子纠锦衣华服，身边又簇拥着一群人，矿场工头马上意识到此人来头不小，说不定是什么王公贵族，于是深作一揖，请求道："大人，村野小人愚钝，烦请教我们解决这个问题才好，不然之后怎么搬运怎么计算工酬都变成难事了。"

公子纠有点尴尬和忐忑，原本想的是管仲师傅能帮着就把这个问题给解决了，不曾想管仲一点动静都没有，难不成还真的要自己来运用算术？再看管仲，这时候忽然变得饶有兴致，微笑着从身上解下装有算筹的布袋子交给公子纠，一抬手，做了个"请"的动作。

公子纠搓了搓有些冒汗的手心，接过算筹袋子，又抬眼望了望管仲。管仲作揖道："请公子演草。"演草的意思就是演算。

"好吧，我来演草！这个问题是要求二分之一（$\frac{1}{2}$）、三分之二（$\frac{2}{3}$）和四分之三（$\frac{3}{4}$）的平均数。"公子定了定神，"母互乘子，副并为平实。"只见他用算筹摆出三个分数的分子分母，将它们各自排成了一列，以分母交互地去乘分子。一、三、四相乘得十二（$1\times3\times4=12$），二、二、四相乘得十六（$2\times2\times4=16$），三、二、三相

乘得十八（3×2×3=18），三个结果相加为四十六（12+16+18=46），作为平均数的分子。

“然后，母亦相乘，二、三、四相乘得二十四（2×3×4=24）。”公子纠一边演算，一边轻声说道。

“然后是，反以列数乘同齐，以等数约之。”公子纠继续摆弄着算筹。二十四乘列数三得到了七十二（24×3=72），作为平均数的分母，得到一个分数——七十二分之四十六（$\frac{46}{72}$），以公约数二约分，得到三十六分之二十三（$\frac{23}{36}$），这便是平均数。

“好，接下来可用减分术再求，从三分之二中减去三十六分之一（$\frac{2}{3}-\frac{1}{36}$），从四分之三中减去三十六分之四（$\frac{3}{4}-\frac{4}{36}$），又以三十六分之一、三十六分之四之和加二分之一（$\frac{1}{36}+\frac{4}{36}+\frac{1}{2}$），它们的结果都等于平均数！”说完，公子纠一抹额头上微微渗出的汗水，提高了嗓门对工头吩咐：“你们从这儿搬走整仓的三十六分之一（$\frac{1}{36}$），从这儿搬走整仓的三十六分之四（$\frac{4}{36}$），把它们都加到那个剩二分之一（$\frac{1}{2}$）的仓库去，这就妥了！”（平分术曰：母互乘子，副并为实，母相乘为法。以列数乘未并者，各自为列实，亦以列数乘法。以平实减列实，余，约之为所减。并所减以益于少，以法命平实，各得其平。——《九章算术·方田》）

子数	母数
1	2
2	3
3	4

→

12+16+18=46（副并）

$$\left.\begin{array}{l}1\times3\times4=12\\2\times2\times4=16\\3\times2\times3=18\end{array}\right\}（未并者）2\times3\times4=24$$

列置分母、子之数；　　　母互乘子，副并，母亦相乘；

→

46（平实）

$$\left.\begin{array}{l}12\times3=36\\16\times3=48\\18\times3=54\end{array}\right\}（列实）24\times3=72$$

→

$46\div2=26$
$36\div2=18$
$48\div2=24$　　$72\div2=36$
$54\div2=27$

反以列数（3）乘并齐　　　以等数（2）约之。

增减，以求其平

$\frac{27}{36}-\frac{23}{36}=\frac{4}{36}$（减）；　$\frac{24}{36}-\frac{23}{36}=\frac{1}{36}$（减）；

$\frac{18}{36}+(\frac{4}{36}+\frac{1}{36})=\frac{23}{36}$（平分）

矿场的工头听完，赶紧命人按这个方法搬运，不一会儿，就完成了三个仓库的矿石平分。看到自己的一番计算使得众人包括管仲师傅都向自己投来赞许的目光，公子纠颇为得意，迎着山风捋了捋并未散乱的鬓发，对矿场工头说道："算法乃是精妙之术，自然不是你等可以掌握的，还有什么疑难问题，我看，你也一并说来吧。"

"哎呀呀，再好不过！小人正有此意，因见大人气宇轩昂，本不敢造次，既然大人愿意相助，小人确实另有一棘手问题。"

听得此言，公子纠颇有些后悔。平分术已经让他绞尽脑汁，不曾想，一句自得的话语，又引来难题。骑虎难下，公子纠只好硬着头皮说："你讲来。"

"诸位大人，且请移步。"说完，工头把大家带到了不远处的三堆矿石边。

"大人请看，此处三堆矿石一样多，每一堆中都有铁矿石和渣土，第一堆中的铁矿石和第二堆中的渣土一样多，第三堆中的渣土占了全部渣土的五分之二。明日我便要将这三堆矿石运下山去，去除渣土之后，将铁矿石运往临淄大城的冶铁工坊。可是，小人搞不清楚铁矿石到底占了整体的几分之几，实在是棘手。烦请大人施以援手。”说完，工头又是深深作揖。

听完工头的问题，公子纠转身便要离去，他心想这个问题根本没有具体的量，已知的只有分率，这如何用算术？罢了，我不玩了。

“公子且慢。”到这会儿，管仲终于开口说话了，他轻轻伸手挡住公子纠的去路。

凭着公子纠对管仲的了解，他知道现在管仲终于要出手解决问题了，于是即刻恢复了先前的仪态，等待着管仲师傅的下文。

这回，管仲倒是没有一开始就拿出算筹，而是随手在路边拾起了一根树枝，蹲在地上信手划出三条一样长的线段，又在前两条线段各点了一点。

这三条线段代表三堆矿石，每条线段中都包含渣土和铁矿石两个部分。由于每堆矿石一样多，第三堆中的渣土占全部渣土的五分之二（$\frac{2}{5}$），也就意味着，把全部渣土分成五份，则第三堆矿石中的渣土占两份，其余两堆矿石中的渣土占三份，而这三份又恰是一堆矿石的总数，所以说第三堆矿石中的渣土占这堆矿石的三分之二（$\frac{2}{3}$）。

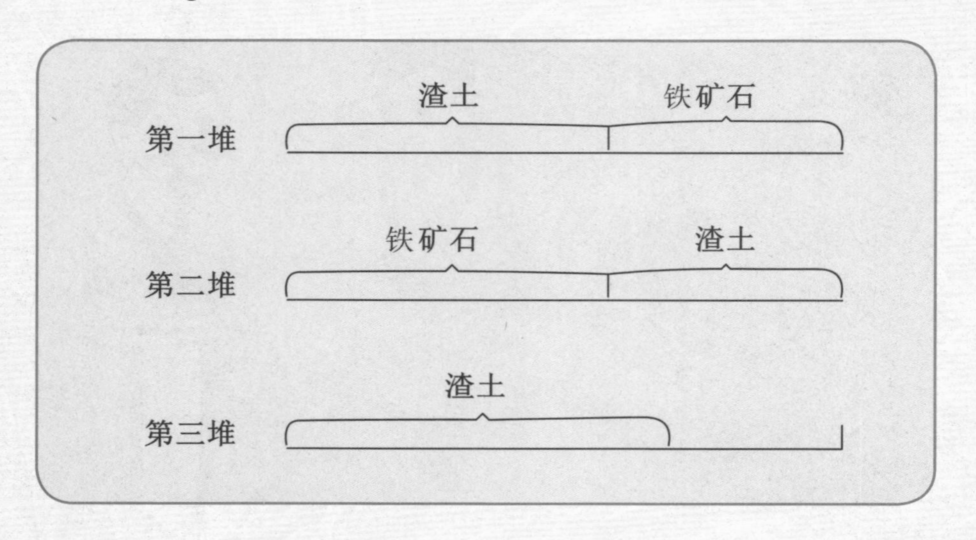

管仲指着地上的三条线段娓娓道来，围观的人们都俯身聆听。大伙都通过这形象的讲解听懂了其中的道理，纷纷点头称是。

“可是，夷吾，仅仅知道了这点，还不能解决问题啊。”召忽说道。

“是的。不过，我们离答案已经不远了。”管仲微笑着继续说道，“既然知道了第三堆矿石中的渣土占一堆矿石的三分之二($\frac{2}{3}$)，那么第三堆矿石中的铁矿石便是占三分之一($\frac{1}{3}$)，而全部的铁矿石则是一堆矿石的一又三分之一($1\frac{1}{3}$)，也就是三分之四($\frac{4}{3}$)。此时，整体的总数为三，故而，全部的铁矿石占整体的多少，则可以用经分术求之，得九分之四 ($\frac{4}{9}$)。”

听到自己的难题得到了解答，工头喜出望外，连声道谢，拿出茶水和果品招待众人。公子纠正口干舌燥，也就不嫌弃这山野之物了。

管仲呢，这会儿却环视矿山，若有所思。召忽发现管仲的不同寻常，不禁问道：“夷吾，看你一直在沉思，不知所虑何事？”

管仲把召忽引到了一边，轻声问道：“若公子有朝一日成为国君，靠什么来治理国家呢？”

“征税。房屋、田地、树木、牲畜、人口，皆是可以适当征税的对象。”召忽答道，“我说的是适当征税，不可将税赋加得过重。”

“不错。”管仲说道，“不过，若要成就王霸之业，恐怕国家对于财用的需求就大多了，难道不加重赋税吗？”

召忽沉默了。

“我知道您心里也清楚，加重赋税，有如拆毁百姓的房屋、砍伐小树、杀死幼畜、使百姓不育儿女，百姓将苦不堪言。”

“那么，夷吾，何为治国之道？”

一股清凉的山风拂过，撩起了管仲的鬓发。管仲转过身来，迎着风闭上了眼睛，仿佛在聆听山风划过树林的美妙声音。片刻之后，他又回转头来，笑盈盈地对召忽说道：“唯官山海为可耳！”

“官山海？这是何意？”召忽不解地问道。

“简单来讲，就是盐铁官营。国家对盐铁实行专卖政策，盐铁皆以民制为主，由国家收购，然后运销于各地而取得巨利。这样，国家的财用就有了保障，霸业可成！”

良久，管仲和召忽两人都沉浸在辅佐公子纠成就霸业的澎湃心潮之中，俯视商山之下的山河景致，眼前仿佛出现了自己牧民、权修、繁忙工作的画面。（牧民：治理民众；权修：加强巩固政权。语出《管子》。）

还是召忽先从憧憬之中回到现实，他叹了口气，说道："夷吾，莫要深想了。如今的国君毕竟还不是我们的公子，而且，国家到了如今这般田地，混乱将起，今后的变数尚未可知啊。"

管仲回答道："先生所言极是，不过夷吾觉得，越是如此，我们越是要未雨绸缪，做好最充分的准备。混乱看来是难免的，如何避开危险又能乱中取胜，你我两人必须有清醒的认识。此次出行，我正有巡察避难路线之意。"

"嗯，我也是这么想的，既然说官山府海，那我们不妨再去海边走走看看。"

思维冲浪

平分术是指求分数的平均数。我们已经在“平分恶金”和“筹算官山”的故事里了解了平分术的古算法和分数的意义与性质。如果运用数形结合的思想，其实很快就可以理解异分母的分数大小应该怎么进行比较。下面就请你们试一试：

例（1）比较$\frac{2}{5}$和$\frac{3}{7}$的大小。

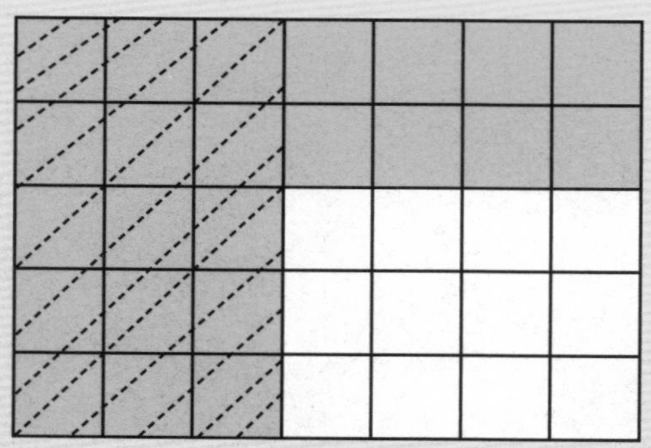

从图中你可以发现，$\frac{2}{5}=\frac{14}{35}$，$\frac{3}{7}=\frac{15}{35}$，所以$\frac{3}{7}$比$\frac{2}{5}$大$\frac{1}{35}$。

这种化整为零的图形分割能让我们充分理解通分的运算。其实，化整为零的图形分割还可以运用到很多地方，特别是图形类的问题。

（2）如右图，过点O作3条分别平行于三角形三边的直线，构成三块面积分别是1、4、9的小三角形，求$\triangle ABC$的面积。

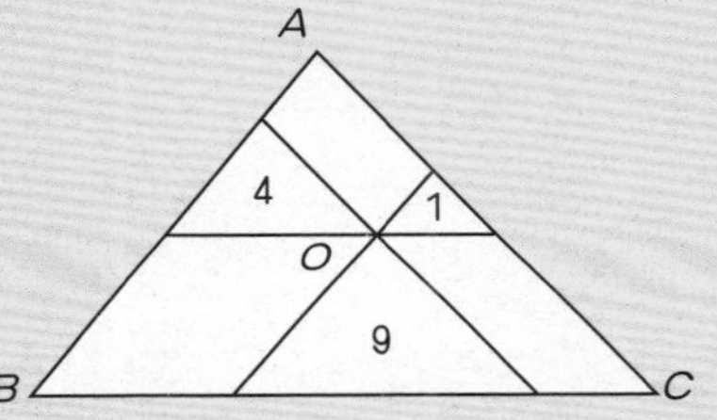

解：1、4、9都是完全平方数，任何一个完全平方数都可以转化为从1开始的若干个奇数之和。

4=1+3

9=1+3+5

……

如果把它们构造成一组图形，就可以表示成

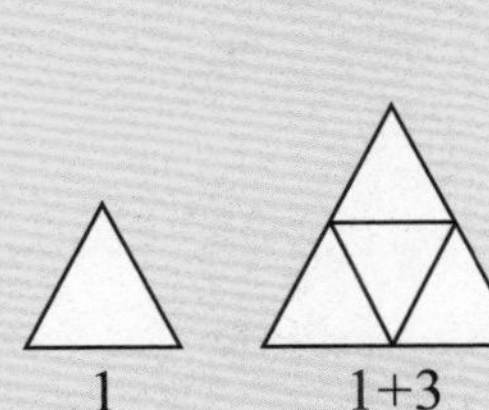

……

那么，问题中的图形就可以构造成

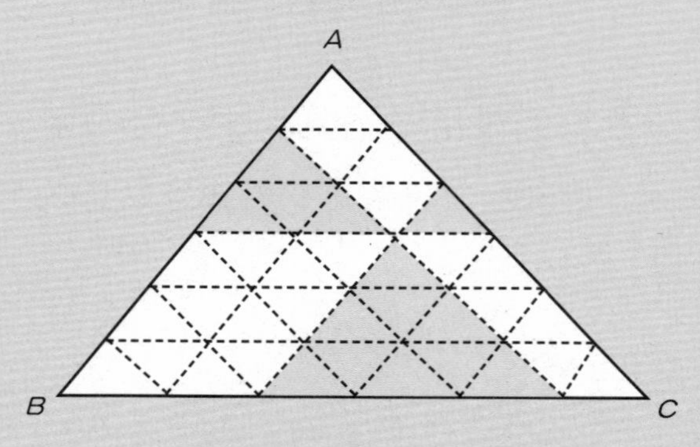

也就能求得三角形ABC的面积：

$S_{\triangle ABC}=1+3+5+7+9+11=36$。

经分之术

乐安郊外，南河崖，这里从西周起便是海盐的主要产地，小清河入海口的位置散落着大小几十座制盐的作坊。制盐人穿梭于此间的身影让这里显得热闹非凡。海风将制作盐卤的腥味带到了很远，公子纠、管仲和召忽一行人未见其景，便已先闻其“芳”。

公子纠兴致勃勃地来到邻近的制盐作坊，他抓起一小撮成品食盐送进嘴里，又立刻吐了出来。

“呸呸呸！这么咸，这玩意儿能有啥用处？”公子纠一边擦嘴角一边说道。

听闻此言，召忽说道："公子平时深居府邸，锦衣玉食，饮食起居皆有下人照顾，其实每日餐食均不可少了这咸味之物。人长期不吃盐就会浮肿、身体无力，盐对于将士而言更是特别重要啊。"

"召忽大人所言极是，物产资源最丰富的国家有三个。楚国有汝河、汉水所产的黄金，齐国有渠展所产的海盐，燕国有辽东所产的盐，三者都擅土地之利。而这其中竟有两样都是食盐，可见对于国家来说它是多么重要的资源啊。"（"阴王之国有三，而齐与在焉"……管子对曰："楚有汝汉之黄金，而齐有渠展之盐，燕有辽东之煮，此阴王之国也。"——《管子·轻重甲》）

管仲和召忽的一番教导让公子纠颇不耐烦。左顾右盼的他忽然发现一个衣衫褴褛的孩子正潜入邻近的一处制盐作坊，趁人不备，用一只残破的陶土碗舀了一碗食盐迅速地揣入怀中，撒腿就跑。

"小偷！快抓住他！"公子纠高声喊道。

侍从们和作坊的人听得公子纠的喊声，急忙追向那个破衣烂衫的孩子。孩子的脚步毕竟小，不多

久就被众人追上一把摁在地上。孩子的双手死死地护着怀里的食盐，不过很快就被作坊的人夺了过去。

“小偷，人赃俱获，我让你偷！”作坊的主人这时赶了过来，说完就要动手打这个孩子。

管仲赶在作坊主人之前，挡在了孩子面前，双手一拦，制止了他。“切莫动手，他还只是个孩子，让我来问一问他。”

“孩子，你叫什么名字？是哪里人？为何要到此偷窃食盐？”对于管仲的问题，孩子紧紧咬着嘴唇，默不作声，面容憔悴的他只是用怨恨的目光瞪着要打他的作坊主人。

局面僵持的时候，一个同样衣衫破烂的工人拨开众人冲到孩子身旁，“扑通”一声跪在了众人面前，带着哭腔向公子纠和众人哀求：“大人手下留情，恕罪啊恕罪！小人是前面作坊的工人，这是我家幼子。只因家中贫困，虽然每日劳作，可是工钱甚少，家里人食不果腹，孩子定是因此才会跑来偷窃食盐。都是我不好，没有管教好孩子，以至于他做出这样的勾当。我回去定会狠狠管教责罚，求大人们放过我家孩子，求求大人，求求大人，我给大人们磕头啦！”

工人说完，回身给了孩子一个耳光，“不成器的东西，和你说过多少次，我们就算饿死，也不可偷盗！”

一直不吭声的孩子这会儿“哇”的一声哭了出来：“家里没吃的，你就把姐姐卖给富商为奴，我知道偷东西不对，我不怕饿死，可我想姐姐，我想拿这些食盐去换钱，我要把姐姐赎回来，我要姐姐回家，呜呜呜……”

听完孩子的一席话，人们无不为之动容，原本赶来抓小偷的工人们更是听得泪下。是啊，这年景他们的日子也绝没有比这孩子家好到哪里去。想到这儿，工人们纷纷叹了口气，散去了。

此时的管仲和召忽都感觉到自己的眼眶发热，百姓的疾苦有如针扎一般刺痛着他们的心。召忽低头不语，管仲也低着头，像是对自己又像是对公子纠说道：“君上为战事不停地征税，势必会让百姓困苦不堪。这个孩子的偷窃行为也是被逼无奈，难道，真的要等到民众群起作乱，路途无法独行，财货无从保障吗？那时，必然是平民流离失所，有识之士逃奔国外，不用等到战争发生，齐国就会从内部垮塌。”

刚才发生的一幕对公子纠产生了一些震动，管仲的一番话他听进了很多。“师傅，如若齐国交到我的手上，我定会为百姓多考虑。但如今，我还不是一国之君，眼前的这贫贱之家，我倒是可以帮帮他们。”

召忽的脸上露出了难得的笑容："公子能这样想，可谓齐国之幸啊！有朝一日，公子若能继承君主之位，定可成为一位体恤百姓、造福一方的贤君。而今，公子可以捐些钱物给他们，既在这渠展之地，不妨就以食盐馈赠，不仅可保其自用，也可以换成生活必需的粮食。"

公子纠点了点头，正要发话，看到又有两户穷人家的老人、孩子围了上来，又是作揖，又是乞求，乞求这位身着华丽衣裳的贵人给予他们一些施舍。看着这些眼中充满哀求的人，公子纠对刚才的制盐作坊主人喊道："尔等在此地制盐贩卖，收入颇丰，眼看着饥民，怎可袖

手旁观？我买一些你家的食盐送于他们，你也要有所表示，捐出一些相赠！”

作坊的主人虽然满心不悦，但看公子纠一行人气宇轩昂，必是贵族，不敢得罪，只得点头答应。公子纠一行人按市价购得六又三分之一（$6\frac{1}{3}$）升的盐，作坊拿出四分之三（$\frac{3}{4}$）升相赠，将这些盐平分给三户人家。

“对了，刚才那孩子也要单独分一些，用作赎回姐姐的费用，他的份就按三分之一（$\frac{1}{3}$）户来算吧。”公子纠吩咐道。

六又三分之一（$6\frac{1}{3}$）升盐，再加四分之三（$\frac{3}{4}$）升，平分给三又三分之一（$3\frac{1}{3}$）户的人家，召忽主动接过了

用经分之术演草的任务。可用“九数”之法为大家均分捐赠之盐，公子纠也不再像过去那么倦怠，“九数”对他来说有了更为深远的意义。

“这经分术很像平分术，只是经分可以以分数为法（除数）。”召忽为公子纠讲解，“由众人之所分求一人之所分，故称之为经分。若分的是钱，以人数为除数，钱数为被除数，以除数去除被除数。若两者之中有分数，则应通分化简。”

召忽接过管仲递来的算筹，铺在地上，一边演算，一边继续说道：“通分化简之中，以分母去交互相乘分子，其意在于使分子与分母扩大相同的倍数；诸分母相乘，其意则是化诸分母为同分母，再以分母乘整数部分再加分子，就可以相加为一个数。用两个分母去分别乘除数和被除数，最后的结果用等数约之。”（经分术曰：以人数为法；钱数为实；实如法而一。有分者通之。重有分者同而通之。——《九章算术·方田》）

以分盐为例，应用召忽所讲的经分术就可以得到如下的演草图：

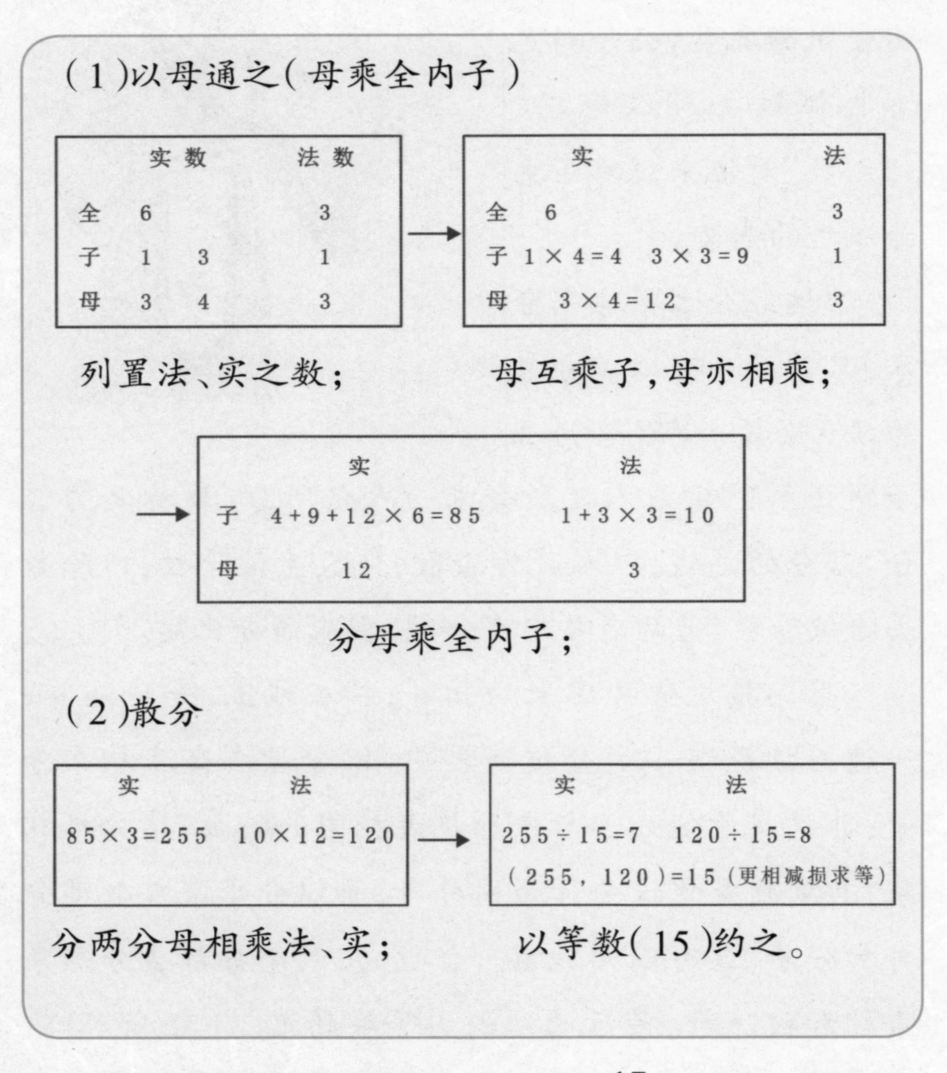

最后的得数便是八分之十七（$\frac{17}{8}$），也就是每户分得二又八分之一（$2\frac{1}{8}$）升的食盐，而那个孩子可以分得二十四分之十七（$\frac{17}{24}$）升的食盐。

一场小小的风波了结了，管仲与召忽却又陷入新的沉思，骑马返回的途中他们沉默不语，只听到马蹄踩在路面上的“嘚嘚”声。

“吁——”管仲勒住了马的缰绳，面向召忽。四目相对，两人异口同声地说道：“是时候了！”

“什么时候？”公子纠诧异地问道。

管仲面向公子纠，正色说道：“这段时间，我们表面上是在游历山水，实则我和召忽先生是在考察民情，勘察各处的动态。齐国乱象已生，朝堂恐有变。公子是君上长弟，一旦局势动荡，最为危险。是时候暂时离开齐国了。”

召忽点头表示赞同：“不错，确实是时候了。公子，您的母亲是鲁国的公主，齐国和鲁国有姻亲关系，又是邻国。去往鲁国，鲁国公定会收留您。如果齐国国事动乱，鲁国公定会从齐鲁两国今后关系考虑，派兵助公子返回齐国，夺下国君之位。无论形势、地位，公子都有不可替代的优势，大事可期！”

“事不宜迟，回到临淄之后我们简单收拾一番，即刻动身，不要惊动任何人。这是一件关乎命运的大事，请公子作出决断。”管仲的话其实早就帮公子纠作出决定。

齐襄公十二年（公元前686年）的十一月，北风把刺骨寒冷吹遍临淄城内的每一个角落，临淄城外平原上的枯草覆盖着一层薄薄的白雪，闪着冰冷的银光。公子纠一行人骑马行进到萧瑟的临淄城门口，今天的临淄很不同寻常。大城的街道之上，商铺的大门紧闭，路上到处可见背着包袱慌乱逃窜的百姓，看情形好像是要逃出城去。

公子纠险些被人撞到，索性下了马，一把抓住一个慌不择路的百姓，问道："如此惊慌，究竟出了什么事？"

"公……公孙无知作乱，连称、管至父带兵杀进了小城，齐国公眼看不保。"

什么？——叛乱！

众人的脑中立刻印现同样的两个字。虽然早有预感，没想到叛乱来得那么快！

这次事件史称"公孙无知之乱"。公孙[1]无知是谁？他是齐庄公的孙子，齐僖公的侄儿，齐襄公的堂弟。

齐僖公非常溺爱自己的侄儿，让他在俸禄、服饰上享受与太子一样的待遇。这位"无知"的无知就体现出来了，他不仅恃宠而骄，还做起了取代太子的梦，不仅私底下小动作不断，还与太子正面冲突过几次。结果，等到太子成了国君，公孙无知就不得不为自己的无知付

①公孙：春秋时期，诸侯国国君之孙称为公孙，此处是以齐庄公的国君身份来称呼公孙无知。

出代价了，他的太子的待遇被取消了，于是心生怨愤。

他一个人还不足以兴风作浪，发生在连称、管至父身上的事才是这次叛乱的主要原因。一年之前，齐襄公派大夫连称、管至父驻守葵丘。时值夏季七月瓜熟时节，齐襄公对两人说："及瓜而代。"意思是明年瓜熟时分派人去替换他们。

一年期满，齐襄公并没有下达换防的命令。连称和管至父上书请求换人驻防，齐襄公也没有答应，两人因此心怀怨恨。连称和管至父于是拥戴公孙无知，联手发动叛乱。叛军杀入内宫，将躲藏在房间门背后的齐襄公揪出来杀了，公孙无知自立为齐国君主，史称"齐前废公"。

再说公子纠听说国君被杀，就要往宫城去一探究竟，被管仲一把拽住："公子万万不可前去，公孙无知篡权，恨不能将几位公子都铲除，您岂可自投罗网？我等必须立即撤离，即刻前往鲁国。"

马蹄急响，管仲、召忽和几个侍从随同公子纠急忙奔向城外。一行人到了城门口，正遇上护着公子小白出逃的鲍叔牙。

"鲍叔，是你？你们也要撤离了吧？"有些时日没遇见鲍叔牙了，管仲没想到在这儿遇见他。

"是啊，公孙无知叛乱，我们正要逃离齐国躲避。"

“公子小白欲往何处？”

“公子的母亲是卫国人，不过卫国相距太远。我们打算先前往莒国。夷吾，你们这也是要动身吧？没猜错的话，你们定是要前往鲁国暂避。”

管仲点了点头，握住鲍叔牙的手，说道：“鲍叔，时间紧迫，我就不多说什么了，别忘了我们最初的约定。一路珍重，好自为之，咱们后会有期。”

思维冲浪

平分术、经分术，在我们今天看来都是分数除法的运用。

唐朝李淳风校注说："经分者，自合分已下，皆与诸分相齐，此乃直求一人之分。以人数分所分，故曰经分也。"意思是，分数相加以下的各种法则都是对各个分数作通分运算，这里的分数除法是直接求一个人所分之数，由众人所分求一人所分，所以称之为经分。

从这段话中我们不难看出，经分术对于我们如今数学学习的意义不仅仅在于明白分数除法是如何运算的，更现实的意义在于分数的意义和性质在分数应用类问题中的体现。如今分数除法最为常用的方式就是转化为分数乘法，而分数应用类的问题解决的关键在于寻找单位"1"和不变量，追溯到根本，仍旧要求对分数的意义有充分透彻的理解。比如"筹算官山"中经分铁矿石的问题就是最好的例证。

很多同学听到"分数的意义和性质"就觉得是老生常谈，不就是课本上最简单的理解吗？可是同学们，你们真的了解它吗？真的能很好地运用它吗？让我们再试一试。

例 甲、乙、丙三队要完成A、B两项工程，B工程工作量比A工程的工作量多$\frac{1}{4}$，甲、乙、丙三队单独完成A工程所需时间分别是20天、24天、30天。为了同时完成这两项工程，先派甲队建设A工程，乙、丙两队共同建设B工程，经过几天后，又调丙队与甲队共同建设A工程，那么乙队、丙队合作了多少天？

解：设A工程的工作量为单位“1”，则B工程的工作量为$1+\frac{1}{4}=\frac{5}{4}$，

总工作量为$1+\frac{5}{4}=\frac{9}{4}$，合作完成的时间为：$\frac{9}{4}\div(\frac{1}{20}+\frac{1}{24}+\frac{1}{30})=18$（天），

乙队、丙队合作的时间即丙队在B工程的工作时间为：$(\frac{5}{4}-18\times\frac{1}{24})\div\frac{1}{30}=15$（天）。

方圆之率

公子纠一行人策马飞奔，过了博邑（今山东泰安），之后便是鲁国境内。不出管仲、召忽的预料，鲁国公姬同对公子纠这门亲戚是欢迎的。不但收留款待，还郑重承诺，定会倾其之力协助公子纠在恰当的时机返回齐国，一登齐国公之位。

等待时机的同时，也要做好准备。首先便是军事。鲁国公虽然不是一个军事才能突出的国君，但他能执政为民，礼贤下士，善用有才干的人。同时，自己又身先士卒，在军事训练上毫不放松。

狩猎是人类最早掌握的谋生技能之一，随着人类文明的发展，狩猎逐渐具有娱乐、军事、体育等多重性质，成为习武练兵、强身健体、振奋精神的一项集体性的综合运动。春蒐（sōu）、夏苗、秋狝（xiǎn）、冬狩，在春秋时期，这些听上去像是去郊外打猎的活动其实是安排在农闲时间的军事训练。

庄公八年（公元前686年）的冬季，鲁国冬狩的军事大典中出现了公子纠、召忽等人的身影。厉兵秣马，辅佐公子重回齐国登上君位，召忽的心中这一强烈的愿望不断地在翻腾。

不过，这一群策马飞奔扬起阵阵浮尘的人群中，似乎少了一位。谁呢？管仲。他在哪儿呢？这个时候，他一个人待在舍馆之中，伏案疾书，时而沉吟，时而翻阅书籍，身边堆满了一卷卷的竹简，下人们端上的饭菜，他也无暇顾及。

傍晚，公子纠和召忽带着侍从回到舍馆。一天的狩猎，可把公子纠累坏了，尽管是冬季，他也满头大汗。更

衣之后，发现管仲还在写写画画，公子纠不禁问道：“冬狩乃是组织军队、训练士卒的重要军事活动，师傅为何毫不在意，总坐在案前写画？”

抬头看到公子纠和召忽站在自己面前，管仲这才回过神来。听到公子纠的问话急忙起身，回答道：“公子恕罪！公子聪慧，召忽先生更是尽心尽力，公子得其相助，定能在冬狩中积累经验。公子有鲁国相助，在我看来，他日公子定能成为君上。”

管仲停顿了一下，继续说道：“夷吾所能做的，是在公子成为君上之后，对齐国治理国家的各项政策加以变革。诸儿在位之时连年征战，百姓已不堪重负，而今公孙无知叛乱篡位，齐国更是一片混乱，民不聊生。为长远着想，公子一旦继位，应立刻颁布新政，改善民生，如此才能重振齐国。所以，夷吾正在这方面为公子做准备。”

召忽听完管仲的回答，对于他所说的新政很有兴趣，问道：“夷吾，你想到了怎样的新政，不妨说来听听。”

“啊，还不成熟，只是想到了一部分，请召忽先生指正。”

“我们都知道，土地乃是施政的根本。土地如果不能够合理分配、妥善管理，施政就不能够做到公正。没有公正的施政，生产就不能得到有效地管理。所以我认为，新政的首要任务就是整顿土地的分配与管理，耕地的面积一定要核实清楚，长短大小均要丈量准确。土地面积丈量准确了，官府才能治理，农事才能有好的收成，国家的物资才可以得到极大的充实。”管仲侃侃而谈。

召忽和公子纠听罢都点头称是，召忽继续问道：“那么，整顿土地分配的方式又是什么呢？”

“我为今后的齐国制订一项浩大的措施，简单来说就是‘均地分力’‘相地衰征’。国家将土地分给农民耕作，实行一家一户的个体生产；在均地分力的基础上实行按产量分成的实物地租制，与农民共分收获。每亩土地的租额，按土地的好坏和产量的高低，而有轻重的差别。”

公子纠在之前出游的过程中感受颇多，对于自己一旦登上君位之后怎样造福百姓有了自己的思考，所以管仲所说的"均地分力、相地衰征"他是字字入耳。"师傅，我齐国的疆域比鲁国还要大，广阔的国土之上要施行新政，这第一件事——丈量土地就很困难。各级采邑、县城的官吏对丈量土地一事都须掌握。可是，这些官员现在有这个能力吗？"

管仲的眼中闪现出惊喜的光芒，向公子纠深作一揖说道："公子聪慧仁德，能有这样体恤民情、洞察问题的想法，真是我齐国之幸啊！关于这个问题，夷吾试图详解方田术中用于田畴界域测算的术数，以便今后各级官吏能做到精确丈量。公子、召忽先生如有兴致，不妨与夷吾一同研究，如何？"

"好啊，方田之术师傅已经教授许久，自然要试上一试。"公子纠跃跃欲试，看得召忽也不停赞许。

说话间，管仲来到案前，将一卷卷写好的书简展开。书卷上除了密密匝匝的文字，还有各种不同的图形。

公子纠和召忽正要上前参看，管仲一抬手说道："二位且慢，我们先做个游戏如何？"

一听说游戏，公子纠更来劲了，赶忙问道："师傅，是怎样的游戏？"

“正如公子所言，各级采邑、县城的官吏须掌握丈量土地一事。所以，不仅要教会现在的官员，夷吾设想，还要选拔一批有能力的人视时任用。我们可以考验他们对乡里各种问题的处理能力，包括土地的丈量。”

“那么，你说的游戏又是怎么个玩法？”公子纠有些迫不及待了。

“这游戏啊，就叫‘观其所能’，让侍从们回答不同形状的土地丈量问题。假设五家为轨，六轨为邑，十邑为率，十率为乡，三乡为属，设轨长、邑司、率长、良人、大夫等官职，根据侍从们解决问题的多少来确定其能力，解决的问题越多，任命的官职就越高。召忽先生和我就作为这个游戏的评判，公子来给大家任命，如何？”

尽管只是个游戏，但侍从们一听是抢官职，都来了兴致，一个个跃跃欲试。

管仲给每一个人准备了笔墨和竹简，然后亮出一个个不同的问题。

召忽作为评判，自然要好好看看这些问题，原来都是“九数”中有关方田丈量的问题。这里头，有圭田（三角形的田地）、邪田（直角梯形的田地）、箕田（等腰梯形的田地）。不过要说有一定难度的，当属圆田、宛田、弧田和环田的丈量。圆田即圆形田地，弧田指的是弓形田地，环田指的是圆环形的田地。不过，关于宛田是什么形状的田地在中国数学史上是有分歧的。比较被认可的说法有两种，一种说宛田是球冠形的，另一种说宛田是扇形田。为了便于青少年朋友们的学习，我们在这里把宛田理解为扇形田，这比较符合《九章算术》中的解法。

让我们回到“观其所能”的现场，只见侍从们正襟危坐，时而思考，时而奋笔疾书，十分认真、投入。一段时间之后，“交卷”的时候到了，侍从们一个个把自己的答案交了上来。这解答的情况其实并不理想。六名侍从答对了圭田的问题，两人答对了邪田和箕田的问题，但

和圆相关的圆田、宛田、弧田、环田的问题却没有一个人答对。

让我们先来看看这些问题——

今有圭田广十二步，正从二十一步。问：为田几何？（现有三角形田底边长12步，高21步。问：这块田的面积是多少？）

今有邪田，一头广三十步，一头广四十二步，正从六十四步。问：为田几何？（现有一块直角梯形田，上底长30步，下底长42步，高64步。问：这块田的面积是多少？）

今有箕田，舌广二十步，踵广五步，正从三十步。问：为田几何？（现有梯形田，上底长20步，下底长5步，高30步。问：这块田的面积是多少？）

公子纠一边看着解答，一边问道："你们谁来说一说，这些问题是怎么解答的。"

一名侍从说道："禀公子，我跟随公子和几位大人多时，平日公子学习'九数'的时候，我便在旁侍奉，耳濡目染，听得一些。圭田的解法是以半广乘正从，广十二步，正从二十一步；半广是六步，乘正从二十一步，便是一百二十六（6×21=126）积步。"

召忽听到这里，向这名侍从投去赞许的目光。

另一名侍从向前迈了一步，作揖道："公子，两位大人，小的寻思，适才的这些问题，似乎都可以用以盈补虚的方法形成直田（以多补少，把不规则的三角形、梯形都割补成长方形的田地）加以丈量，这样就比较简单了。”

听得这番话，管仲露出了微笑，一抬手，示意他继续往下讲。

“大人们请看，”侍从一边说，一边画图，“过三角形两腰的中点可分出盈甲、盈乙，向上一翻转，刚好补足虚甲、虚乙，可以割补出一个长方形的直田，直田的广、从恰是圭田的半广和正从。”

“好！以盈补虚，正是‘九数’中的精妙算术。还有吗？”

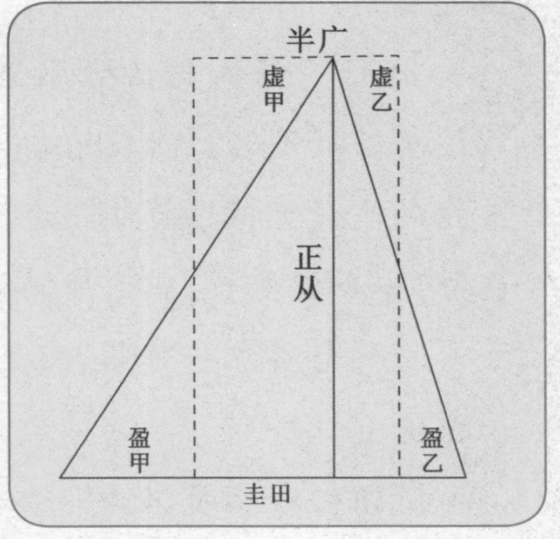

获得管仲大人的称赞，这位侍从激动不已，于是继续说道：“我发现，邪田和箕田这两种不同的梯形，也可以以盈补虚，无非盈虚的大小、形状不同。

“您看，这是邪田的割补。

“箕田更为规整，割补也更简单。将其从中间分为

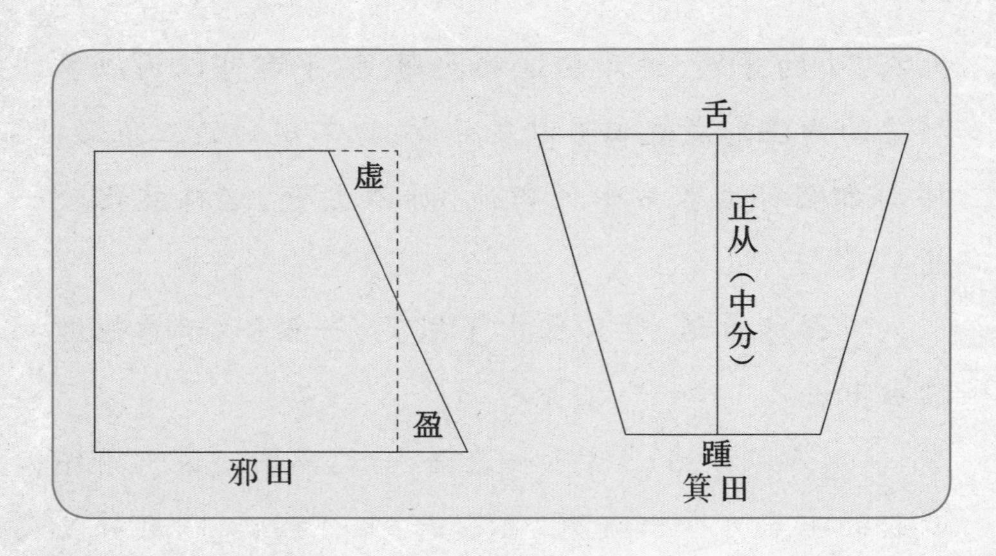

两半，一半颠倒后拼补上去即可。

“据此，小人便解出了这两个问题，皆以上下底边之和的一半乘正从，邪田九亩一百四十四积步，箕田一亩一百三十五积步。”

“好！”侍从的话音刚落，公子纠就喊了一嗓子，“该我任命了吧？依我的意见，你二人解决三种不同的土地的丈量问题，能力较为出众。这样吧，我看一个任邑司，一个任率长，二位师傅意下如何？”

管仲与召忽一作揖，齐声答道：“公子英明，全凭公子之意。”

所谓任命官员只是一个游戏，赏赐还是要的。一番皆大欢喜的赏赐之后，众人还向管仲请教了侍从们未能解答的几个问题。

让我们先看一下这些和圆相关的问题：

今有圆田，周三十步，径十步。问：为田几何？答曰：七十五步。（现有圆形田，圆周为30步，直径为10步。问：这块田的面积是多少？答：75积步。）

今有宛田，下周三十步，径十六步。问：为田几何？答曰：一百二十步（现有扇形田，下周长30步，径长16步。问：这块田的面积是多少？答：120积步。）

今有弧田，弦三十步，矢十五步。问：为田几何？答曰：一亩九十七步半。（现有弓形田，弦长30步，弧高15步。问：这块田的面积是多少？答：1亩97积步半。）

今有环田中周九十二步，外周一百二十步，径五步。问：为田几何？答曰：二亩五十五步。（现有圆环形田，内圆周长92步，外圆周长122步，径长5步。问：这块田的面积是多少？答：2亩55积步。）

管仲是如何解答这些问题的呢？仔细研究过之前问题的朋友们一定也想到了，正是“以盈补虚，出入相补”。不过，还要增加一个步骤，那就是化圆为方，通过割补把弧形的图形转化为直线形的图形，求它的近似值。原来，在春秋时期的很多精通算术之道的人看来，田亩的丈量以实用为主，并不追求特别精确。圆田可以从圆心出发被分割成若干个三角形；扇形田则是圆田的一部分，也可以分割成若干个三角形；弓形弧田则被割补成以弧高为上底、弦长为下底、弧高为高的等腰梯形；圆环形环田则割成等腰梯形一般，内圆周为上底、外圆周为下底，两个圆的半径差也就是径长成了这个圆环展开后的等腰梯形的高。

以现代数学知识，比较精确地求得这些图形的面积并非难事，但在两千多年前的春秋时期却真的需要煞费一番苦心才行。化圆为方之后出入相补的结果尽管误差较大，但总算是把土地丈量中的难题用取近似值的方式基本解决了。一千年之后，有一位伟大的数学家把《九章算术》中有关圆的计算通过进一步的分割和拼补的方式求出更精确的结果，这是后话。

思维冲浪

在本节故事中，我们了解了最基本的平面图形面积的计算。接触到的《九章算术》中的算法原理就是“出入相补（以盈补虚）”。这个原理与我们今天计算平面几何图形面积时所用的图形割补和等积变形如出一辙。小学五年级数学课本中的梯形面积的计算就采用了《九章算术》中的解法。

出入相补（以盈补虚）是中国古代数学中一条用于推证几何图形的面积或体积的基本原理，它的内容可以被总结如下：

1.一个几何图形，可以切割成任意多块任何形状的小图形，总面积或总体积维持不变，即所有小图形面积或体积之和。

2.一个几何图形，可以任意旋转、倒置、移动、复制，面积或体积不变。

3.多个几何图形，可以任意拼合，总面积或总体积不变。

4.几何图形与其复制图形拼合，总面积或总体积加倍。

无论是直线型几何图形还是与圆相关的几何图形，它们的面积计算都可以运用这个原理加以解决。图形可以千变万化，而原理却是相通的，让我们用通达古今的算法探究今天的平面图形问题吧。

例 一个八边形由两个形状大小都相同的等腰梯形和一个长方形拼成，梯形下底是上底的3倍，也是高的3倍，并且是长方形宽的3倍。已知长方形的对角线长8cm。这个八边形的面积是多少？

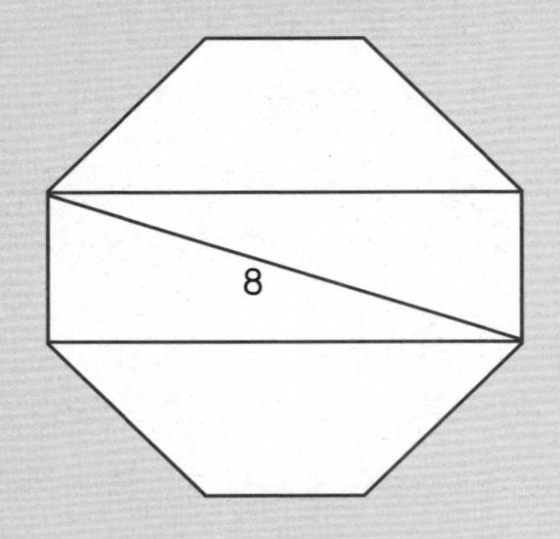

解法一：公式法。

八边形被分割为两个梯形和一个长方形，设梯形的上底为a，下底为$3a$，长方形的长为$3a$，长方形的宽为a。

根据勾股定理可得

$$a^2+(3a)^2=8^2$$

$$10a^2=64$$

$$a^2=6.4$$

$S_{长方形}=a\times 3a=3a^2$，$S_{梯形}=(a+3a)\times a\div 2=2a^2$

所以

$S_{总}=S_{长方形}+2\times S_{梯形}$

$=3a^2+2\times 2a^2$

$=7a^2$

$=7\times 6.4$

$=44.8(cm^2)$

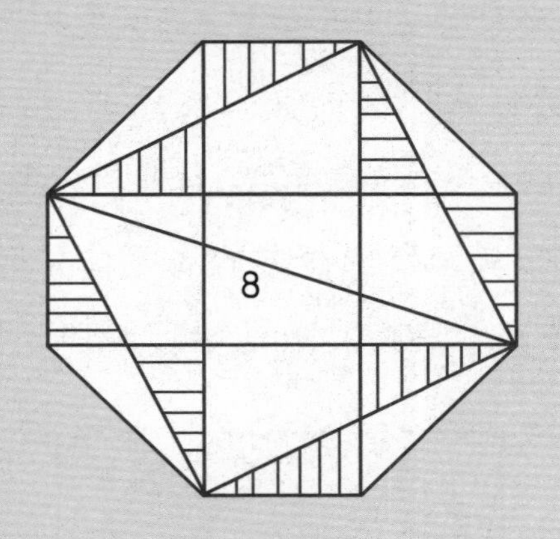

解法二：出入相补法。

如图所示，连接以下对角线。原图形可以被分割为四个三角形和一个正方形。

正方形的对角线长度为8cm，所以$S_{正方形}=8\times8\div2=32(cm^2)$

而正方形可以看成是五个小正方形的面积组成。

外围的四个三角形可以拼接成两个同样面积的小正方形。

所以

$S_{总}=S_{正方形}+4\times S_{三角形}$

$=5\times S_{小正方形}+2\times S_{小正方形}$

$=32+32\div5\times2$

$=44.8(cm^2)$

在《九章算术》的大家族里可不能缺少圆与扇形。

割圆术是刘徽注本《九章算术》中最长的一条注释，它是用来论证“圆田术（圆的面积公式）”的，并由此推算出了较为精密的圆周率$\frac{157}{50}$和$\frac{3927}{1250}$。这里阿牛要把“以盈补虚”的算法进一步拓展到与圆相关的面积计算问题上。不妨试试：下图中正方形的边长为6cm，求阴影部分的面积。

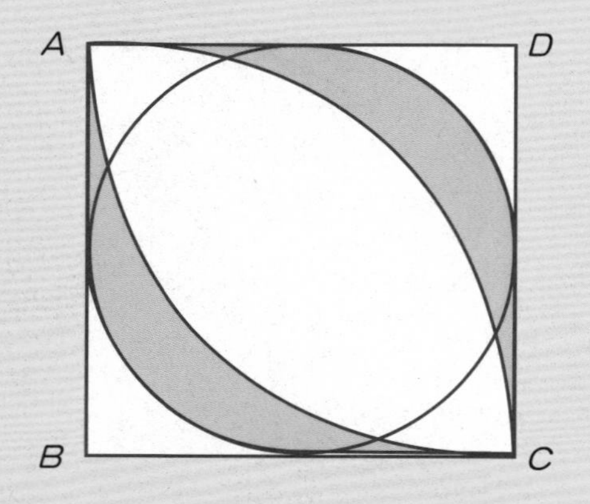

图中的阴影部分由两个同样大小的图形组成，求出其中之一，就可求得阴影部分面积。而如何求其中一个阴影部分的面积呢？如图所示：

的面积为正方形面积减去圆面积再除以4。

$S=[6\times6-\pi\times(6\div2)^2]\div4=1.935(cm^2)$

于是，$S_{阴影}=(6\times6-\pi\times6^2\div4-1.935)\times2=11.61(cm^2)$

春秋首霸

转眼又是春天，而这个春天注定很不寻常。

齐桓公元年（公元前685年），齐大夫雍廪杀国君无知，公子小白与公子纠回国争位。管仲奔袭两百里，于穆陵关截杀公子小白。管仲射中小白衣带钩，小白诈死，先于公子纠赶回齐国登上国君之位。秋，齐与鲁战于乾时，鲁兵败走。鲁庄公迫于压力，杀公子纠，召忽效忠自尽，管仲被押送回齐国。鲍叔牙向小白竭力举荐管仲，小白不计前嫌，拜管仲为国相。由此，小白在管仲等人的辅佐下成为春秋五霸之首的齐桓公。

历史的记载只有寥寥几笔，却蕴含着惊心动魄和壮志雄心。

再次出场的管仲已经是齐国国相。然而管仲好像并没有成为国相的喜悦。尽管齐桓公不计前嫌，给予管仲很高的地位，但两年来，齐桓公并没有接纳管仲的治国策略。让他耿耿于怀的依旧是鲁国协助公子纠派兵攻打齐国，也许这其中还有那么一些当年差点儿被管仲射死的怨愤。这些怨愤最终转化为两个字“伐鲁”！

刚刚经历完内乱的齐国还很不稳定，但无论管仲怎么劝阻，齐桓公执意加强军备，齐国似乎完全陷入了穷兵黩武的境地。管仲的屡次进谏都以三个字告终——“公不听”，这让他忧心忡忡，也让他的好朋友，忠心耿耿的鲍叔牙无可奈何。

忧心忡忡也好，无可奈何也罢，齐国的责任在肩，管仲能做的便是做好军备中的一项重要工作——筹措军粮。兵马未动，粮草先行，供给三万甲兵的优势兵力，需要充沛的军粮储备。可是，国力尚待恢复的齐国哪里来这么多粮食？必须靠税收，然后在市场上购买粮食，但这又极容易引起粮食价格飞涨。最为棘手的问题是，齐国这个山海之国耕地不多，粮食本就捉襟见肘。一场战争所消耗的军粮也许会导致百姓的饥荒。想到这儿，管仲沉吟不语。不知什么时候，鲍叔牙站在了管仲的身后，同样的难题也在他的脑海里不断地翻腾。

“夷吾，我已被君上拜为讨伐鲁国的主帅。我齐国的兵力优势显而易见，可是战争物资的筹备就……”鲍叔牙说道。

管仲回过神来，见是鲍叔牙，赶忙拉着他的手说道：“鲍叔，君上虽然没有听取我的意见，但既然决定了讨伐鲁国，夷吾在筹备工作上定会尽心尽力。”

“夷吾，以我对你的了解，你说这话，看来定是有办法了。赶紧把你的想法说给我听听。”

看到鲍叔牙急不可待的样子，管仲笑了：“好好好，我这就说。鲍叔，你也知道我齐国本就缺粮，近年来也不曾休养生息，此次伐鲁的军粮难以从国内解决。所以，我想运用轻重之术加以解决。

“所谓轻重之术，便是在供求平衡、调节物价、物资流通、权数运用和形势的利用这五个方面做周密的安排。”

鲍叔牙对这些词并不陌生，但要在经济上如何运用轻重之术，他还是有点似懂非懂。所以，他用询问的目光看着管仲。

“比如说粮食的征集，利用供求缓急：滕国、鲁国的粮食每釜一百钱，假如把我国的粮价提高到每釜一千钱，滕、鲁两国的粮食就会从四面八方流入我国。”

“每釜一千钱？夷吾，你就不担心造成我国的粮价飞涨，而且，我们哪来那么多钱买粮食？”

“哈哈，源源不断流入齐国的粮食，一旦我们不买，还有谁会买？到时粮食价格自然会从一千钱往下跌，跌到一个相对合理的价格。”

十多天之后，临淄大城的粮食市场格外热闹，熙熙攘攘、人声鼎沸。在临淄出现了一千钱一釜的粟米交易

之后，不仅鲁国、滕国的农户们急急忙忙赶来卖粮，接壤的莒、燕、晋等国的人们也忙不迭地蜂拥而至。谁都想赶早儿把自家的粮食带到齐国销售，于是，没加工的粟米、粗加工的粝米、粺米、糳米，还有菽、荅、麻、麦……各种不同的品种汇集在一起，琳琅满目。

琳琅满目其实也意味着交易变得复杂。各种不同的粮食按什么比率来计算呢？有人说，我的稻米加工精细，你瞧，一粒粒晶莹剔透，做成米饭那是满屋飘香。但是呢，这交易的标准可不能听凭售卖者天花乱坠的说辞，不然市场就乱套了！好在管仲早有准备，大城粮食市场的各处都张贴了各种粮食交易的换算标准，负责收购军粮的官员们也都掌握了换算方法。

姜季春是管仲派往大城粮市的一名小官吏，这会儿他正与一群卖粮的滕国农户交易，忙得不可开交。他已不是之前管仲在鲁时的那位懂得用以盈补虚的方法计算田亩的侍从，在管仲的举荐下，他成了专门负责筹算各种粮食的一名小官。原本就喜欢演算的姜季春在一次次交易中熟练掌握了各种折算，不用算筹仅凭口算都能算得又快又准。眼看日近黄昏，姜季春忙得连喝口水的时间都没有，就又被一位年长的农户拽住了。

“老人家，今日的收购结束了，您看，马上就要装车入库。”姜季春对这位农户说道。

“大人，您行个方便，我把自己家的粟米加工好了运来，滕州到临淄的路途可不短啊，早早卖个好价儿，我好快点回家去啊。”老人拉着姜季春说道。

“好吧，再最后收一家。”姜季春爽快地答应了。

过称、验米，姜季春指挥人快速准确地做完这两件事，十一斗三又五分之二升（11斗$3\frac{2}{5}$升）粺米，精确公平、童叟无欺。

“老人家，您这米可以定在粺米的标准，粺米换粟米的交换率是二十七比五十（27∶50），粺米数十一斗三又五分之二升（11斗$3\frac{2}{5}$升）乘五十再除以二十七，可以折成粟米二十一斗整。”姜季春再一次快速地口算出了结果，“给您凭据，快到那边换钱吧。明日会有更多的粮食运到临淄，估计价格还会下调，一日一价，明天可能就不是这个价了。”姜季春很能体会农户种粮的不易，让这位滕国的老农感激不已。

一个月之后，军用粮草收购完成，管仲又开始安排更为繁重的粮食加工工作。

长勺之战

临淄小城庄严肃穆，宫城内的议事大厅上，齐桓公与大臣们正在为伐鲁之事进行讨论。

大军粮草问题的解决，让齐桓公和其他大臣们对管仲的评价很高。解决了粮草的问题，齐国军械材料的问题也在管仲那儿找到了解决之道。管仲在经济方面的才能让所有人刮目相看。军械材料的问题也是短缺。古代军械的制作，少不了动物的皮、骨、筋、角和竹箭、羽毛等材料。

三万大军所需的军械数量是一个惊人的数目，齐桓公和鲍叔牙苦苦思量，而管仲的办法让众人眼前一亮。什么办法呢？管仲的谋划是，齐国为各个诸侯国的商人建立客舍，规定：凡是有车一乘的客商，供应饭食；有车三乘的客商除了供应饭食，还另加供应牲口的草料；有车五乘的客商，另外给他配备供他差使的仆人。

那个年代的商人什么时候有过这么高的待遇啊！于是，各国的商人云集齐国进行贸易。用管仲的话说："天下之商贾归齐若流水。"商人像流水一样汇聚到了齐国，各种材料的收购工作只用了很短的时间就完成了，而且最重要的是价格便宜。

尽管价格便宜，可是由于军备的数目巨大，还是造成了国库空虚。这不，今天议事的一个问题就是：军需官还需要两万一千支箭羽和五万八千二百支箭杆，而财政官只能拿出一万六千钱。如何使用这些钱买到所需的军械呢？朝堂之上响起一阵阵的议论之声，良久，没有一个人拿得出具体的购买方案。

管仲沉吟一番，抬起头来，清了清嗓子。其实在场的人们都在等待管仲发言，现在大家越来越清晰地认识

到对于齐国经济上的大小问题，管仲的办法总是最行之有效的。

“目前大城的市场上客商云集，各类军需物资数量充足，价格实惠。不过，财政能拨付的军费确实还是捉襟见肘，目前，需要按贵、贱两种类型采购箭羽和箭杆，现在的市价，质量好的箭羽每钱三支，质量较差的每钱四支；质量好的箭杆每钱五支，质量较差的每钱六支。刚才我简单计算了一下，军需官可以之后再验证，朝廷可用六千二百钱购买箭羽，九千八百钱购买箭杆。”

军需官向管仲施了一礼，询问道：“大人，平时我们收购物资，数目和单价皆为已知，计算总金额即可。这次，单价、总金额已知，要求得贵、贱两种类型不同价格的物资的数目，这……如何计算？小人愚钝，请大人指点。”

“这个问题中，物数大于钱数，你可用‘反其率术’计算。”

见到众人都非常认真地聆听自己的分析，管仲接着说道：“以箭羽为例，我们可以以钱数为除数，所买的物数为被除数，被除数除以除数得到一个结果。箭羽的支数两万一千除以钱数六千二百得到三支每钱余数两千四百（21000 ÷ 6200=3……2400），再以余数去减除数（6200－2400=3800），得数三千八百乘少者每钱三支（3800×3=11400支），余数两千四百乘以多者每钱四支（2400×4=9600支）。箭羽的购买方式就已经得出了，以每钱三支的价格买质量好的箭羽一万一千四百支，以每钱四支的价格买质量较差的箭羽九千六百支，共计两万一千支。”

军需官听完连连点头，表示要以反其率术求得箭杆的购买方式：物数五万八千二百除以九千八百钱（58200÷9800=5……9200），余数九千二百去减除数九千八百（9800－9200=600），六百乘每钱五支（600×5=3000支），九千二百乘每钱六支（9200×6=55200支），可购买，较贵箭杆三千支，较便宜的箭杆五万五千二百支，总共恰好五万八千二百支。

“甚好，军需官即刻按此方式购齐物资，加紧打造羽箭！”管仲说道。

齐桓公二年（公元前684年），齐国由鲍叔牙率领三万大军的优势兵力出青石关攻打鲁国，在鲁国境内的长勺（在今山东莱芜东北）发动了一场著名的战役——长勺之战。

三万齐国军队包括一千乘战车浩浩荡荡地越过齐鲁边境的青石关，侵入了鲁国境内的长勺。长勺地处泰

贵

每钱三支

贵

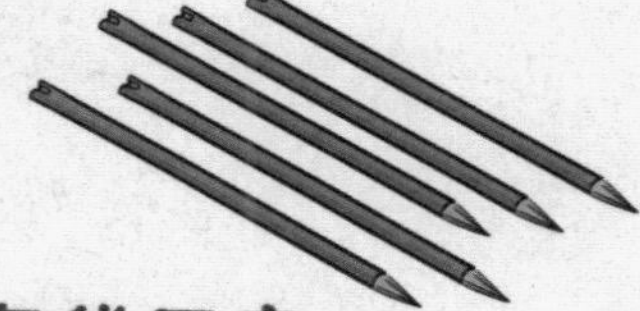

每钱五支

贱

每钱四支

贱

每钱六支

山和鲁山之间的狭长地带，两座相邻的高山使这里形成了一头宽阔、一头狭长的特殊地形，犹如一把长长的勺子，故而得名长勺。

鲁国的军队就驻守在长勺那狭长的勺子柄一头——杓山之上，鲁国兵力远比不上齐军。紧张气氛弥漫了整个长勺战场，剑拔弩张，一触即发。

“咚咚咚……”急促的战鼓在齐国军队一侧擂响了，“砰砰砰……”士兵们有节奏地用手中的武器敲击着自己的盾牌，步步进逼；“吼吼吼……”整齐划一的呐喊声响彻整个长勺的山谷。这撼人心魄的声响和战马的嘶叫一起席卷而来，和着这可怕的战争声音的是滚滚的烟尘，烟尘里满眼都是齐国战车和甲士的身影。

可是，在这战场另一侧的鲁国军队却是一点动静都没有！

这算怎么回事呢？鲁国怎么不击鼓迎战？想必是怕了吧！怯弱的鲁军快点击鼓吧，齐国会碾碎你们，我等将建功立业！齐军士兵都非常亢奋。

也许有人会说：为什么非要等对方击鼓呢？打过去不就得了？还真是不行，因为这不符合周朝的战争礼仪。一方不击鼓，说明他们还没做好迎战准备；必须是双方都击鼓，才可以交战。

鲁国按兵不动。齐军鼎沸的士气好像一拳打在了空气里，卸了劲。

于是，齐国军队的阵型变得稍稍有些松散，兵士们坚定的步伐变得迟疑起来。同样迟疑的还有齐军的主帅鲍叔牙。他骑在马上不住地眺望，明明可以清楚地看到对面鲁国军队的身影，可就是听不到一点迎战的鼓声。他只能无奈地命令道："停止前进！"

"呼啦"一声，训练有素的齐军在将领们的指挥下齐刷刷地席地而坐，等待命令。

其实，就在齐军刚刚敲响战鼓的时候，位于杓山上鲁军阵营中的鲁庄公早已按捺不住，起身几步跨到了战鼓前就要擂鼓迎敌，却被身边的军师曹刿(guì)一把拦住："君上且慢，还没到时候。"

鲁庄公诧异地看着曹刿，缓缓地将手中的鼓槌放下。只见曹刿回过身去，冲着身后的士兵们向下压了压手臂，意思是让大家继续保持状态，养精蓄锐，静待号令。

再看齐军这边儿，坐镇中军的鲍叔牙有些疑惑，胯下的战马“咴咴”地叫着，来来回回不停地溜达。过了好一会儿，鲍叔牙望了一眼对面，喃喃地说道：“现在总摆好阵型了吧！”

“二次击鼓！前进！”

“吼吼吼……”重新集结的齐军在鲍叔牙的指挥下，步兵和战车配合，又一次鼓足士气，呐喊着逼向鲁军。鼓点慢慢变得密集，士兵们的脚步也变得快了起来，战车的车轮滚滚向前……

山风刮过杓山上的树梢，曹刿不为所动，鲁庄公若有所思，鲁军严阵以待……

“停止前进！”依旧听不到一点鼓声，鲍叔牙不得不再次号令全军止步。戛然而止的兵士们这下子可就乱了阵型了，一屁股坐到地上，三三两两地议论开来。“这仗还打么？”“鲁国人如果怕了就过来投降吧！”“我们也别喊了，用不着。”

倦怠的情绪悄悄地在齐军里蔓延。看着士兵们散漫的样子，鲍叔牙心急如焚。他整了整身上的甲胄，操起一支长戈，纵身一跃上了一乘战车。"士兵们，我军强大远胜于敌。不要丢了我们的士气！将士们，让我们第三次擂响战鼓，随我出击！"

"咚咚咚……"战鼓声中只有稀稀拉拉的呐喊声，完全没了之前冲锋时的虎狼之势，鲍叔牙的身先士卒也不能提振起军士们的士气，大伙儿只是随着人流向鲁军阵地冲去。

鲁庄公和曹刿的身边，威严森森的甲士和战车层层排开，眼见着齐军已经过了半途，曹刿大喊："君上，出击的时候到了！请擂响鲁军胜利的战鼓吧！"

酝酿许久的鲁庄公一下子被点燃了，高高举起双臂，"咚，咚，咚"一下一下，用力擂响了战鼓，也点燃了鲁军的战意。他一边击鼓，一边高喊："击——破——敌——军！"

"杀！"杓山上早已蓄势待发的鲁国士兵们再也按捺不住了，保家卫国的信念、杀破敌军的决心，化为冲锋的铁流，伴随着箭雨，飞一般地涌向了齐军。

长勺之战结束了。

战争的结果，相信大家都已心中有数。它所留下的，是历史上为数不多的以少胜多的战例，还有我们耳熟能详的一个成语——一鼓作气。

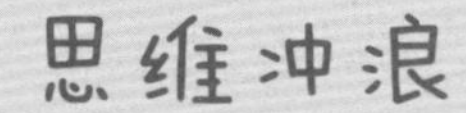

思维冲浪

读完这一节的故事，大家一定都被长勺之战的场面吸引过去了，现在我要把大家的目光从激烈的战争画面引到《九章算术·粟米》中的算法：今有术、经率术、其率术和反其率术。

在今天的数学教学中，了解了分数的意义和性质之后，就要进入下一个环节——比和比例，古代数学也不例外。

两个数相除又叫做两个数的比；表示两个比相等的式子叫做比例。比和比例既有联系，又有区别。比是研究两个量之间的关系，所以它有两项；比例是研究相关联的两种量中两组对应数的关系，所以比例是由四项组成。比是比例的一部分；而比例是表示两个比相等的式子，是比的意义。

比率同样也是古代算术中最常见的数量关系。用来表示一组比率的数可以“粗者俱粗，细者俱细”，于是“乘以散之，约以聚之，齐同以通之”（同乘一数以散分，同除以一数以约分，用齐同术来通分）。这些方法和我们解比例类型的问题上所依据的运算原理相同，这些基本运算的性质被古代的数学家们转化为算筹运算的演算规则，成为贯穿《九章算术》的算法原理。

今天中小学数学学习的问题和古代数学的应用有所不同，不能完全对应到其率术和反其率术，不过我们还是可以从一些问题的解法上找到它们的影子。

例 某商贩按大鸡蛋每个1元8角，小鸡蛋每个1元4角卖出了一批鸡蛋，共收入1070元，已知他卖出的大鸡蛋与小鸡蛋的个数比是8∶5，问：他卖出大鸡蛋与小鸡蛋各多少个？

六年级的同学已经可以用方程的解法解决这个问题，如果我们用算术解法，利用比例的基本原理是不是也可以解题呢？

解：大、小鸡蛋的单价比是180∶140=9∶7，又知道大、小鸡蛋的个数比是8∶5，那么大、小鸡蛋的收入比就是：

$(9\times8):(7\times5)=72:35$。

已知总收入为1070元，所以

大鸡蛋的个数为$1070\times\frac{72}{72+35}\div1.8=400$（个），

小鸡蛋的个数为$1070\times\frac{35}{72+35}\div1.4=250$（个）。

后记

历法渊源远，算术更流长；畴人功业千古，辛苦济时方。分数齐同子母，幂积青朱移补，经注要端详。古意为今用，何惜纸千张。

圆周率，纤微尽，理昭彰。况有重差勾股，海岛不难量。谁是刘徽私淑？都说祖家父子，成就最辉煌。继往开来者，百世尚流芳。

——钱宝琮《水调歌头》

钱宝琮先生是中国数学史研究领域的泰斗，对《九章算术》有着极深入的研究。以先生的词做为后记的起始，为的是致敬在中国数学史、中国古算法研究领域做出过突出贡献的前辈们。《话说九章》丛书的各项古算法解析和演草，都可以溯源到他们的学术成果。他们的名字，值得读者印入脑海。他们是：钱宝琮先生、李俨先生、白尚恕先生、李继闵先生等。

不妨从钱宝琮先生《水调歌头》词中的“私淑”两字说起。私淑，是指未能亲自受业但敬仰并承传其学术而尊之为师。钱先生的意思，也许是说继往开来的研究者都可以以刘徽为师，在中国古算法的研究中古为今用，成就辉煌。阿牛并不是中国数学史的学者，只是希望把自己在学习中积累的对于《九章算术》的认识，以孩子们喜闻乐见的形式讲述出来。

而阿牛对《九章算术》的这点浅显的认识也受益于钱宝琮先生。

钱宝琮先生曾任教于浙江大学数学系，在数学史研究方向中有学生何章陆先生。何章陆先生曾任教于浙江师范大学数学系，是阿牛的父亲余文熊先生的良师益友。1974年钱宝琮先生去世后，何章陆先生悲痛不已，两年之后追随先生而去。从阿牛读书时候起，家父就经常给阿牛玩一些稀奇古怪的算法游戏，而这些游戏竟然都是源自钱宝琮先生对《九章算术》的研究。今天，当《话说九章》丛书和读者朋友们见面的时候，这段学习的渊源又可以缓缓地流淌，流入每个关注者的心田。阿牛的愿望是让中国传统文化重新插上算学的翅膀，给今天的科技创新找到最初的起点，让我们在新的历史起点上不忘初心、承前启后。

写一套青少年朋友们愿意看的《九章算术》读物，是阿牛在课堂上给孩子们讲《九章算术》之后形成的想法。其实，在中小学的数学教科书上，我们已经可以看到越来越多节选自《九章算术》的算法。它们或是以史料的形式出现在数学知识点导入部分，或是直接以必修课章节的形式体现在高中数学教材中，无论是义务教育阶段还是普通高中阶段都凸显了《九章算术》在数学史中的地位。但我们的青少年朋友们是不是还可以更系统地参详《九章算术》的精彩，汲取中国古代数学所给予我们的文化自信呢？阿牛很想为我们的课堂教学配上这样的读物。既然是课外的读物，就应该生趣盎然，缓缓流入青少年的心田。怎么才能把他们带入《九章算术》的数学情境呢？是写一个以小朋友为主人公的历险记，还是用时下流行的穿越题材小说的架构？似乎都不甚理想，因为在阿牛看来这些写法都不匹配《九章算术》作为古代东方数学翘楚的数学史高度，也会轻慢中国古算法研究者在挖掘和论证时的那一份艰辛。

随着国学传播的深入，继承和发扬中国传统思想文化成为全社会的共识。“文化是一个国家、一个民族的灵魂”，当中国优秀传统文化中的思想观念、人文精神不断激励着我们去继承和发扬的时候，阿牛很想说一句“请不要忽视了中国传统数学文化的瑰宝”。也许人们并没有遗忘，只是苦于文理有别，一时无法打通学术性和普及性相结合的道路。那么，不妨给阿牛自己一次机会，尝试一种创新的做法。阿牛把《九章算术》融入《春秋》《战国策》《史记》《管子》等先秦历史和思想典籍之中，如同现代数学教学中的材料阅读题和应用题一样，将246个问题和53种算法与鲜活的历史人物相结合。在中国古代史的某一幅画卷之中，《九章算术》如同奇异瑰宝镶嵌其中，发出璀璨的光芒。于是，便有了现在大家看到的《话说九章》丛书。

这样的想法，确实给阿牛的创作带来了很大挑战。一次次地翻阅相关历史典籍，一遍遍地研读有关《九章算术》的论文，力图在轻松愉快中讲述每一个问题的算法原理，使读者能身临其境地感受《九章算术》演绎的历史场景。不断地颠覆认识和重新思考之后，《话说九章》丛书终于逐渐成形。

很多学者认为《九章算术》是体现中国传统应用数学发展的典范，阿牛非常同意这一观点。更进一步地设想，阿牛认为中国古代经济和社会的改革必定是适应以科技发展和数学应用为主的生产力的发展。所以，《话说九章》丛书的主人公就一定是那时候的先贤智者和劳动人民，他们经历了经济和社会改革的时代变迁。

阿牛并非数学史的研究人员，只是一名数学史的爱好者，一名数学普及工作的推动者。在《话说九章》丛书的编写过程中，与《九章算术》相关的学术观点阿牛参阅了大量的论文。丛书中许多有关算法和《九章算术》史料的讲述都来源于李继闵先生、白尚恕先生、钱宝琮先生的论文和著作。尽管如此，还是免不了有错漏之处。

幸好在丛书创作的过程中得到了许多前辈和朋友的支持。中科院院士王元先生为丛书题词，首都师范大学数科院方运加教授为丛书作序，首都师范大学数科院赵学志教授认真审核书稿，几位前辈给我提出了大量修改意见，使《话说九章》丛书的质量有了大幅提升，让阿牛受益匪浅。阿牛的好朋友杨晓海博士从历史观和考证的角度给丛书提出了中肯的意见和创新的思路；武汉明心学校的付谦老师一丝不苟地审查原稿，甚至从武汉奔赴杭州，一字一句地帮我校正；“数学花园探秘”组委会陈平老师、刘嘉老师和严红权老师为丛书的选题提供了大量参考和支持；杭州算学官培训学校的老师和同学们是《话说九章》丛书最早的听众和读者，给予我最宝贵的灵感和意见……

阿牛是我——一个平凡的数学普及工作者，如同邻家的大叔，讲述着青少年听得懂的数学原理，尽力讲好《九章算术》；阿牛又不只是我，给予我各种帮助的前辈和朋友们也是阿牛，我们尽力讲好中国数学文化的每一个篇章；和我们一样的新老数学普及工作者们都是阿牛，他们都在尽力展现中华数学文明的永久魅力！

向所有人致敬！致谢！！

余逸舟

2021年1月于杭州

图书在版编目（CIP）数据

田广御春秋 / 余逸舟著. -- 杭州 ：浙江教育出版社，2021.10
（话说九章）
ISBN 978-7-5722-2412-6

Ⅰ. ①田… Ⅱ. ①余… Ⅲ. ①古典数学－中国－青少年读物 Ⅳ. ①O112-49

中国版本图书馆CIP数据核字(2021)第203839号

话说九章

田广御春秋

HUASHUO JIUZHANG
TIAN GUANG YU CHUNQIU

余逸舟 著

出版发行 浙江教育出版社
（杭州市天目山路40号 电话：0571-85170300-81001）
策划编辑 蒋 婷 韦春明
责任编辑 张维宁 叶 笛
美术编辑 曾国兴
责任校对 栗 丽
责任印务 刘 建
封面设计 米家文化
图文制作 杭州神影动漫制作有限公司
印 刷 浙江新华印刷技术有限公司
开 本 710mm × 1000mm 1/16
印 张 8
字 数 160千字
版 次 2021年10月第1版
印 次 2021年10月第1次印刷
标准书号 ISBN 978-7-5722-2412-6
定 价 52.00元